U0283415

引水工程
数字化设计技术与应用

朱国金　主编

中国水利水电出版社

www.waterpub.com.cn

·北京·

内 容 提 要

本书是中国电建集团昆明勘测设计研究院有限公司对长距离引水工程多年数字化技术研究与相关应用成果进行的系统总结，也是对引水工程从数字化设计向智能化升级进行的探索。全书共 10 章，内容主要包括：数字化设计平台建设理论、数字化测绘、数字化勘察设计、智能选线、三维参数化设计、正向协同设计、BIM/CAE 集成设计相关技术，以及数字化设计在滇中引水工程中的应用实践。

本书可供水利水电工程行业的规划、勘测、设计、科研人员和工程技术人员在数字化技术方面进行借鉴，也可供高等院校师生参考。

图书在版编目（ＣＩＰ）数据

引水工程数字化设计技术与应用 / 朱国金主编. --
北京：中国水利水电出版社，2023.4
ISBN 978-7-5226-1458-8

Ⅰ．①引… Ⅱ．①朱… Ⅲ．①数字技术－应用－引水
－工程设计 Ⅳ．①TV67-39

中国国家版本馆CIP数据核字(2023)第069476号

书　　名	引水工程数字化设计技术与应用 YINSHUI GONGCHENG SHUZIHUA SHEJI JISHU YU YINGYONG
作　　者	朱国金　主编
出版发行	中国水利水电出版社 （北京市海淀区玉渊潭南路 1 号 D 座　100038） 网址：www. waterpub. com. cn E-mail：sales@mwr. gov. cn 电话：(010) 68545888（营销中心）
经　　售	北京科水图书销售有限公司 电话：(010) 68545874、63202643 全国各地新华书店和相关出版物销售网点
排　　版	中国水利水电出版社微机排版中心
印　　刷	北京印匠彩色印刷有限公司
规　　格	184mm×260mm　16 开本　12.75 印张　310 千字
版　　次	2023 年 4 月第 1 版　2023 年 4 月第 1 次印刷
印　　数	001—800 册
定　　价	**120.00 元**

凡购买我社图书，如有缺页、倒页、脱页的，本社营销中心负责调换

版权所有·侵权必究

《引水工程数字化设计技术与应用》
编 委 会

主　　编：朱国金

副 主 编：张社荣　杨小龙

编　　委：

向天兵　王　超（天津大学）　王　超（昆明院）

王枭华　司建强　赵志勇　徐　建　黄青富

刘　宽　闻　平　李宗龙　严　磊　马建伟

张家旗　梁熙文　刘晓芬　姚翠霞　王　义

随着数字化渗透到各行各业中，设计领域也出现了数字化趋势，依托数据分析和数字化技术去解决设计问题，在水利水电设计行业将是大势所趋。水利部先后发布了《加快推进智慧水利的指导意见》《水利网信水平提升三年行动方案（2019—2021 年）》《智慧水利总体方案》。这一系列中央政策和行业行动方案的发布，凸显了水利工程信息化建设的重要性和迫切性，加速了水利工程设计建设运行向数字化、信息化、智能化方向快速转型。

在此背景下，中国电建集团昆明勘测设计研究院有限公司（以下简称昆明院）联合天津大学等单位开展了大量的引水工程数字化技术研究与应用工作，取得了丰硕的研究成果。引水工程能提升水资源优化配置和提高水资源集约安全利用水平，本书将数字化设计典型应用场景与引水工程实践相结合，既是对昆明院数字化设计技术的系统总结，也是对引水工程设计从数字化向智能化方向升级的探索。全书共 10 章：第 1 章介绍数字化设计的相关概念以及引水工程数字化设计发展趋势；第 2 章介绍数字化设计平台建设的相关理论，包括体系架构、设计方法、基础设施与平台架构；第 3 章～第 8 章分别对数字化测绘技术、数字化勘察设计技术、智能选线技术、三维参数化设计技术、BIM 正向协同设计技术和 BIM/CAE 集成设计技术进行介绍；第 9 章结合滇中引水工程案例，介绍数字化设计技术在工程实践中的应用；第 10 章总结了全书的主要内容，对引水工程数字化中存在的不足进行了思考，并对未来的重点研究方向进行了展望。

本书在编写过程中得到了昆明院各级领导和同事的大力支持和帮助，得到了天津大学建筑工程学院水利水电工程系的鼎力支持。中国水利水电出版社以及各位评审专家也为本书的出版付出诸多辛劳。在此一并表示衷心感谢！

限于作者水平，本书内容难免有不足之处，恳请读者批评指正。

作 者

2022 年 9 月

目 录

第6章　基于 BIM 的三维参数化设计技术

第7章　基于 WebGL 的 BIM 正向协同设计技术

第8章　BIM/CAE 集成设计技术

第9章　滇中引水工程数字化设计应用

第10章　总　结　与　展　望

第1章　绪　论

1.1　数字化设计概述

数字化是以计算机和互联网为代表的信息技术提供的一种先进的技术手段，是智能建造实施的基石。在传统行业面对挑战与机遇并存的发展前景下，数字化会带动基础设施建设的产业形态、生产形式、商业模式等发生深刻变革，对整个工程规划设计行业的转型起着引领和支撑的作用。

数字化设计是以数字化驱动设计和工程数据融合，建立设计全要素、全过程、全参与方的一体化协同工作模式，支撑施工和运行维护场景在设计阶段前置化模拟，打造全数字化设计成果，进行集成化交付。同时数字化设计的内涵就是精益化设计思想、工业化设计模式、信息化设计手段在设计业务阶段的深度融合，实现图、材、量、价等设计数据和工程数据的协同，最终实现数字化驱动。

在水利水电工程领域，从过去以 CAD 工具为代表的二维设计，现在以 BIM 工具为代表的三维设计，到未来以数据为中心的 3.0 数字设计，人工智能、虚拟现实、增强现实、物联网、云计算、大数据等先进技术在水利水电工程勘察设计过程中的应用愈加深入。水利水电工程行业中的设计过程从过去以计算机为辅助工具，提供单一的专业功能，到现在以数据驱动的信息交互，在设计阶段充分考虑项目全生命周期的投资、决策、风险和沟通问题，极大地提升了水利工程设计工作的效率、产品质量、业务效益。数字化设计手段如图 1.1-1 所示。

图 1.1-1　数字化设计手段

数字化驱动的业务模式，是数字设计的主要特征。数字设计以数据驱动业务，建立全专业、全过程、全参与方的一体化协同，形成工程项目成本、施工、运行维护的前置化管理，实现设计成果的集成化交付，打造出高效的新型设计模式，如图 1.1-2 所示。

数字化设计保证各设计专业和各参与方的一体化协同。设计各专业通过云端的协同平台以及构件级别的协同操作，实现数据同步的推进，便于灵活发现和处理问题；各参与方之间都能够基于云端的数字设计平台实现远程沟通、远程协作，通过多成员异地协同，平台统一设计管理，实现设计相关资源的跨地域调配和设计成果的最优化。

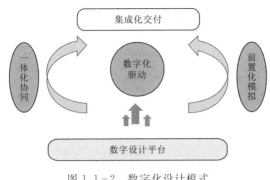

图 1.1-2 数字化设计模式

数字化设计通过前置化模拟进行低成本试错，大幅减少设计变更导致的浪费。将工程开发全过程中设计、施工、运维各阶段所需要的信息提前集成在 BIM 模型中，模型承载各个阶段所需的关键信息，实现施工场景模拟，大幅减少由设计导致的浪费，实现设计全过程的最优，全面提升设计成果的价值。

数字化设计集成化交付模型实现数字化管理。设计各相关专业，如水工、金属结构、机电等专业的设计成果都集成在同一个模型中，而下一个环节的参与方将基于该模型进行相应信息的添加和迭代，充分发挥 BIM 等数字化技术的价值，完成唯一模型在全过程中的使用，显著减少设计差异，将传统设计过程中相对独立的阶段、活动及信息有效结合。

因此，数字化设计为水利水电勘察设计行业带来了新活力，促进了设计相关业务的变革，提升了设计人员的设计水平和生产效率，提高了设计项目的协同合作水平，增加了设计方、施工方、生产方、建设方等企业的经营收益，推动了勘察设计行业转型升级。随着应用项目数量不断增多、经验知识不断积累，设计企业开始创建基于 BIM 主流软件并融入水利水电工程设计经验和特点的特色设计平台，逐步从个性化、离散化应用走向标准化、集成化。应用企业特色平台开展数字化设计能够更好地适应水利水电工程从可行性研究到施工图各阶段的应用，并按阶段目标组织生产链条，开展基于 BIM 的专业间沟通与项目级协同设计。设计平台还集成有丰富的经验知识和标准构件库，大幅提高了参数化设计程度，同时依托建立的标准技术体系确保了设计产品质量的提升，重新定义的数字设计业务流程规范了设计行为，提高了生产效率，并形成了一定的规模化生产能力。

1.2 引水工程概述

我国的水资源分布十分不合理，东部地区水资源丰富，西部地区水资源匮乏，水资源短缺是我国面临的四大水问题之一，严重制约了经济社会发展。我国水资源总量约为 2.8 万亿 m^3，人均水资源量不到 $2200m^3$，不足世界人均量的 1/4；全国 661 座城市有 400 多座缺水，其中 110 座严重缺水，1.6 亿多城市居民的正常生活受影响；受不均匀降雨影响容易发生旱灾，农田受旱面积年均达 3.85 亿亩，平均每年因旱减产粮食 350 亿 kg，影响范围广、损失大；我国有 40% 以上的人口生活在缺水地区，全国农村饮水安全问题也比较突出。

解决区域性水资源短缺问题的直接和有效方法就是修建引水工程，把水从水资源丰富的地区输送到水资源短缺的地区，实现水资源的合理配置。据不完全统计，世界上已建或拟建的大型跨流域调水工程有 160 多项，遍布世界各地。大型引水工程能保证重点区域用水安全，有效实现水资源优化配置，促进国民经济健康发展。但是引水工程项目的建设需要分析区域内的经济政策、水文条件、建筑物环境以及社会等相关方面的因素来判定其可行性，是复杂的系统工程。

为了满足农田灌溉、水力开发、工业和生活用水的需要，往往需要在山谷、河流修建各种水工建筑物，主要包括明渠、水闸、泵站、倒虹吸、渡槽、输水隧洞、输水管道、涵洞。进行长距离引水工程的建设需要考虑工程的总体布置、纵断面的优化设计、各类建筑物的设计、输水渠道的设计、压力管道与压力箱涵的设计和倒虹吸的设计等，包括各类建筑物的水力学设计、调洪计算、过渡过程分析、稳定性计算等内容。

随着水利水电工程建设的发展，我国启动了前所未有的跨流域引水工程，如引滦入津入唐、引黄济青、东深引水、珠海澳门供水、引碧入连等，以及规模更大，更具战略意义的南水北调工程。南水北调工程东线、中线全面通水两年，受水区覆盖北京、天津及冀鲁豫苏等省（直辖市）33个地级市、受益人口8700万人。特别是2012—2022年的十年间，一批重大引水工程和重点水源工程的建设，使我国水资源配置格局实现了全局性优化。南水北调东、中线一期工程建成通水，累计供水量达到565亿 m^3，惠及1.5亿人，全国水利工程供水能力从2012年的7000亿 m^3 提高到2021年的8900亿 m^3。目前我国立足流域整体和水资源空间均衡配置，开工建设南水北调中线后续工程、引江补汉工程和滇中引水、引江济淮、珠三角水资源配置等重大引水工程，并加快构建"系统完备、安全可靠、集约高效、绿色智能、循环通畅、调控有序"的国家水网。

1.3 引水工程数字化设计现状

1.3.1 国外引水工程数字化设计现状

目前，国外对引水工程数字化设计的研究主要集中在引水工程BIM与云计算、大数据、物联网等新兴技术的集成与应用方面。

在BIM与大数据集成方面，国外一些学者基于Cassandra数据库实现对BIM模型的存储，并在此基础上实现了子模型的提取，另一些学者通过使用MongoDB存储BIM数据，根据IFC标准数据格式设计了适合大规模存储的数据模型，在BIM数据处理方面主要是通过对Hadoop MapReduce框架进行了改进，使其适宜处理BIM数据，并基于自然语言理解，提出了一种高效处理BIM数据查询的方法与架构。

在BIM与物联网的集成应用方面，主要针对物联网与BIM技术的融合方式及其应用前景进行研究，一些学者对基于BIM的物联网技术在施工阶段和运行维护阶段的应用策略和价值进行了探讨，后期一些学者针对装配式住宅、地下综合管廊、地铁等具体的工程形式，探讨了BIM与物联网技术融合应用的场景。

在美国加州供水工程和澳大利亚雪山调水工程中，数字化设计得到了充分的运用。美国加州供水系统（State Water Project）实行高度的集中管理和统一调配，并实现了自动化、网络化、智能化。整个工程系统的运行操作由工程操作中心和区控制中心控制组成。24小时值班的工程操作中心是该工程的神经中枢，远程监控和控制供水系统所有的电厂、泵站、水库、湖泊、水渠和管道设施。远程监测系统设有70000个监测点采集资料，通过沿供水系统设置的250个远程终端接口，为工程操作中心和区控制中心提供有关供水系统的实时信息（包括地震监测的信息）。工程操作中心的地图显示板上显示着所有设施的水位、流量、电量，以及观测站的状态信息。该系统还允许用户随时查询加州的供水信息。整个管理监控系统充分显示了技术先进、高效运作的现代化管理水平。

澳大利亚雪山调水工程是水力发电和农业灌溉相互补偿调节的水库群和梯级水电站群工程。全部工程系统实现了现场无人值守，通过在调水工程中广泛应用水资源 SCADA（Supervisory Control and Data Acquisition，信息监控与数据采集）计算机自动化技术（即计算机遥测、遥控、遥信、遥调技术），把现场实测信息传达到监控中心，根据调度管理模型控制电站、泵站、大坝的运行状态，并把电力市场运作系统与工程监控管理系统相连接，对全部工程实行计算机监控与运行管理。

1.3.2　国内引水工程数字化设计现状

近几年来，国内的水利工程投资速度一直保持较高速增长，2015 年我国重大水利工程中央投资达到将近 700 多亿元。2012—2022 年，十余年间完成水利建设投资达到 6.66 万亿元，是之前十年的 5 倍。"十三五"规划中，我国将分步建设 172 项重大水利工程，而且未来水利投资仍可能保持较高增速。在这其中加快推进部署实施重大引水工程以保障重要经济区和城市群用水，地位尤为突出。引汉济渭、引洮供水、引江济淮、滇中引水等跨区域调水工程相继开工建设。作为国家重大水利基础设施建设项目，引水工程具有输水线路长、工程规模大、工程投资高、建设周期长、参建单位众多、建设环境复杂等特点，引水极大地提高了项目建设管理的难度，给项目的管理实施带来了困难。引水工程涉及业务领域较多，工作内容比较复杂，包括工程综合勘察设计、工程建设实施、工程运行监视、工程巡检、工程安全监测、水量调度管理、设施设备运维等，各项工作都有很强的系统性和综合性。

目前，国内在长距离引水工程数字化设计技术方面的研究及应用主要体现在对工程建设过程中全生命周期信息的集成与管理，即通过在设计、施工、运维等阶段的应用实现工程可视化、自动化、高效化。

在勘测设计期，有学者通过集成倾斜摄影技术和 BIM（Building Information Modeling）技术，既提供了传统的测量成果，又可以提供高精度 BIM 实景模型，真实地反映了地物纹理及几何信息，为前期 BIM 模型的建立提供了有效的技术手段。还有学者探讨了 BIM 技术和云技术的集成在协同设计阶段的应用模式，认为云的计算和存储技术可以支持各专业之间的协同工作，并实现可视化三维动态预览与渲染，提高设计效率和精度。

在施工建设期，一些学者探索了结合数字化设计 BIM 成果在施工阶段的应用前景，并将云计算技术与 BIM 技术相结合，开发出一套可以支持进度、质量安全、变更等施工管理的应用系统。随着物联网技术愈加火热，许多学者将 BIM 技术与物联网技术相结合，设计了相应的施工管理平台以应对实际工程的需求。

但是目前国内与数字化设计相关的研究有以下两个共性问题：

（1）目前国内多数设计咨询机构多采用外委科研院校或组建数据中心的方式来开展数字化研究工作，研究团队与实际设计工作脱节，逐步成为技术进步的一大瓶颈。

（2）绝大多数研究工作是在空间地理信息的基础上开展 BIM 设计，但是地质条件复杂多变，各类地质界线或界面难以用合理的函数来拟合，或函数拟合精度达不到设计要求，使得数字化设计研究成果难以落地，失去了应用价值。

"十三五"期间，重大引水工程的建设全面提速，扩大了水利信息化范围，完善了相关业务的应用，显著提升了引水工程信息化、智能化水平。但是和国家信息化发展战略的总体要求及水利改革发展需求相比，仍需要在"十四五"期间充分利用新一代信息技术，实现引水工程水利科技创新，解决水利信息资源整合和共享问题、信息深度开发和利用问题及决策支持方面各项问题，以数字化技术作为实现水利信息化的技术支撑。

随着物联网、大数据、5G、数字孪生等技术的发展和无人机等硬件的成熟应用，如何充分利用新技术，推进引水工程运行管理的数字化、智能化水平，已经成为当前引水工程信息化研究的热点。数字孪生作为实现物理世界和虚拟世界数据实时交互、融合的一种有效方法，得到了广泛的关注和重视。借助数字孪生技术，对数字孪生和引水工程设计与运行管理的融合进行了理论分析，构建引水工程数字化设计平台和运行管理数字孪生系统，能够增强引水工程的信息全面感知能力、深度分析能力、科学决策能力和精准执行能力，大幅提高引水工程的智能化设计与运行管理水平。

1.4 引水工程数字化设计发展趋势

引水工程建设通常具有线路长、地下工程多、地质条件复杂等特点，传统引水工程的设计管理方式已经很难满足新时代经济社会发展提出的数字化设计管理要求，只有充分发挥引水工程数字化设计技术的作用，才能大幅提升引水工程智能设计和管理服务水平，辐射带动现代水利工程的全面发展。

数字设计正逐步影响勘察设计行业，形成行业发展新的动能。典型的工程数字化设计应该具备以下特征：

（1）未来人机智能交互逐步普及，智能化技术将发挥更大的作用，利用高效易用的设计软件，引水工程设计人员可以充分发挥创意，在设计阶段就可以更多考虑项目全生命周期的投资、决策、风险和沟通问题，提升设计效率。

（2）在云平台的技术支撑下，未来的设计工作将在云端完成，设计人员脱离了工作环境的束缚，可以更高效地加入到项目设计中。同时，基于云平台的协同将是扁平化的、无时延的，充分提升了协同的效率和水平。

（3）以数字化设计平台作为技术支撑，用数据驱动组织管理，支撑全参与方的高效协同，提升生产效率。数字设计平台融"集成""协同""智能"为一体，能够最大限度地沉淀设计工作中的数据资产，并增强设计单位的核心竞争力。

综上，充分利用云计算、大数据、物联网、移动互联、人工智能、数字孪生等技术，可提升引水工程设计、建设及运行等不同阶段的数字化水平，推动引水工程设计期（"效率、质量、能力、效益"）设计工作的提升和变革，实现对建设期（"资金、进度、质量、安全"）及运行期（"感知、分析、管理、控制、决策、指挥"）的业务闭环管理和智能化管控，为引水工程的勘测设计、建设管理、生产运行提供数字化支撑服务。

第2章 引水工程数字化设计理论体系

2.1 体系架构

2.1.1 工作流程

引水工程的数字化设计工作流程主要依靠数据采集层和功能逻辑层。数据采集层利用3S、物联网等技术架构工程信息（勘测设计信息、施工过程信息及运行管理信息等）自动/半自动采集、传输系统等技术。数据采集层获取的数据自动进入数据访问层的数据库建设与维护系统，通过数据库管理技术分类整理、标准化管理后录入指定的信息数据库中。功能逻辑层建立的枢纽信息管理及协同工作平台对信息数据库进行调用，结合系统实现信息共享、协同工作，建立包含勘测设计、工程建设和运行管理阶段在内的建筑信息模型，并在过程中实时控制数据访问层、更新信息数据，为工程信息可视化管理分发平台提供核心数据；工程信息可视化管理分发平台重点负责工程项目运行期管理。引水工程数字化设计工作流程如图 2.1-1 所示。

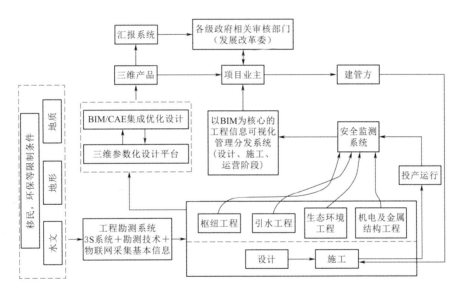

图 2.1-1　引水工程数字化设计工作流程

基于 BIM 的项目系统能够在网络环境中保持信息即时刷新，并可提供访问、增加、变更、删除等操作，使项目负责人、工程师、施工人员、业主、最终用户等所有项目系统相关用户可以清楚全面地了解项目的实时状态。这些信息在建筑设计、施工过程和后期运行管理过程中，促使加快决策进度、提高决策质量、降低项目成本，从而使项目质量提高，收益增加。

2.1.2 软硬件构成

三维设计及 BIM 应用软件以 Autodesk 公司软件为核心，CAE 软件以大型通用有限元软件和专业工程分析软件为主，文档协同办公基于 Sharepoint 平台开发，如图 2.1-2 所示。

图 2.1-2 引水工程数字化设计软硬件构成

2.1.2.1 核心 BIM 应用软件

美国 buildingSMART 联盟主席 Dana K. Smitn 先生在其 2009 年出版的 BIM 专著 *Building Information Modeling: A Strategic Implementation Guide for Architects, Engineers, Constructors and Real Estate Asset Managers* 中下了这样一个论断："依靠一个软件解决所有问题的时代已经一去不复返了。"BIM 是一种成套的技术体系，BIM 相关软件也要集成建设项目的所有信息，对建设项目各阶段实施建模、分析、预测及指导，从而将应用 BIM 技术的效益最大化。

其实 BIM 不止是一个软件的事，准确地说 BIM 是一类软件的事，而且每一类软件的选择不止一个产品，为工程项目创造更大效益所涉及的常用 BIM 软件数量就有十多个甚至几十个之多。结合水利水电工程特点及发展需求，历经多年实践经验，编者团队以 Autodesk BIM 软件作为 HydroBIM 核心建模与管理软件。

Autodesk 公司作为一家在工程建设领域领先的软件供应商和服务商，其产品在技术特点和发展理念上有许多地方都与水利水电行业的当前需求不谋而合。Autodesk 公司的产品在产品线数据的兼容能力、专业覆盖的完整性、企业管理与协同工作以及企业标准化、信息化、一体化等方面都具有明显的优势。

Autodesk 建筑设计套件（BDS）和基础设施设计套件（IDS）及平台产品在设计施工一体化流程中相应的功能和解决方案见表 2.1-1。

表 2.1－1   **Autodesk 套件产品功能和解决方案**

套件	平台产品	设计施工一体化流程中相应的解决方案
BDS	BDS	支持项目全生命周期的项目设计（传统设计流程及 BIM 流程）、分析、可视化、协同检查、施工模拟、节点详图设计、点云功能及运维数据准备等工作
	Revit	专业的建筑信息模型（BIM）协同设计和建模平台，集成了多种面向建筑设计、结构工程设计和水暖电设计的特性。在 Revit 设计模型的基础上，可通过零件和部件的功能，根据施工工序和工作面的划分，将设计模型中的梁、板、柱等构件拆分为或成组为可进行计划、标记、隔离的单个实体，用于施工阶段的 4D、5D 模拟及相关应用
	Inventor	用于 3D 机械设计、仿真、模具创建和设计交流，支持水电工程中金属结构专业的设计，验证设计的外形、结构和功能，以满足预制加工的需要
	Navisworks	支持多平台、多数据格式的模型整合。与 Revit 平台之间有双向更新的协同机制，用于施工阶段的冲突管理、碰撞检查、管线综合、施工工艺仿真、施工进度模拟、工程算量、模型漫游等工作
	ReCap	支持将无人机、手持设备、激光扫描仪等设备的数据导入到 ReCap 中，生成点云模型，可直接捕捉点进行绘制，生成几何体。在施工阶段可用于老建筑改造、新建建筑对周边已有建筑的影响分析，施工质量检测等方面
IDS	IDS	支持项目全生命周期的项目设计（传统设计流程及 BIM 流程）、分析、可视化展示、GIS 可视化集成、地质、桥梁、河网洪水分析、铁路模块、路线路基、协同检查、施工模拟、点云功能及运维数据准备等工作
	Civil 3D	提供了强大的设计、分析及文档编制功能，广泛应用于勘察测绘、岩土工程、交通运输、水利水电、城市规划和总图设计等领域。具体包含测量、三维地形处理、土方计算、场地规划、道路和铁路设计、地下管网设计等功能。用户可结合项目的实际需求，将 Civil 3D 用于分析测量网格、平整场地并计算土方平衡、进行土地规划、设计平面路线及纵断面、生成道路模型、创建道路横断面图和道路土方报告等
	Infraworks 360	针对基础设施行业的方案设计软件，支持工程师和规划者创建三维模型，并基于立体动态的模型进行相关评估和交流，通过身临其境的工作环境让专业和非专业人员迅速地了解和理解设计方案。基于 Infraworks 360 模型生成器获取的地形数据，可在施工阶段进行场地布置、快速布置施工道路、平整场地、计算区域内坡度和高程等一系列工作
BIM 360	BIM 360	新一代的云端 BIM 协作平台，帮助用户获取虚拟的无限计算能力，通过移动终端或网络端获取最新的项目信息，对项目进行规划、设计、模拟、可视化、文档管理和虚拟建造，让每个人在任何时间任何地点获取信息。BIM 360 的四个产品（Glue、Schedule、Layout、Field）可以实现从办公室的施工准备工作到施工现场的执行与管理的全部流程
	Glue	支持基于云端的高效直观的模型整合、浏览、展示、更新、管理、碰撞检查，并能协助项目团队在任何时间、任何地点、任何接入方式基于模型进行协同工作和沟通
	Field	支持基于云端的图纸文档浏览和同步；在施工现场进行质量管控和现场拍照，并自动生成记录报告；可对图纸进行问题记录、工作追踪，并通过即时邮件发送给相应问题的责任人；设备属性参数调取、安装与调试；Field 能对施工现场质量、安全、文档进行高效管理
	Layout	与智能的全站仪相结合，通过在 BIM 模型中创建、编辑及管控放样点数据，将放样点数据传递给全站仪，指导现场放样及收集竣工状态，实现设计与竣工数据的相互印证

套件	平台产品	设计施工一体化流程中相应的解决方案
	Vault Professional	用于协同及图文管理，支持文档图纸管理、族库管理、权限管理、版本管理、变更管理、文件夹维护、Web 客户端远程访问等功能。便于施工单位和业主在施工阶段及时地获取最新版本的模型和图纸信息，而不受硬件设备条件的限制，加快各方的沟通和变更

2.1.2.2　硬件配置

由于数字化设计模型带有庞大的信息数据，因此，在平台硬件配置上也要有严格的要求，并在结合项目需求以及节约成本的基础上，需要根据不同的用途和方向，对硬件配置进行分级设置，即最大程度保证硬件设备在数字化实施过程中的正常运转，最大限度地控制成本。

在项目实施过程中，根据工程实际情况搭建 BIM 服务器系统，方便现场管理人员和中心团队进行模型的共享和信息传递。通过在项目部和数字化设计中心分别搭建服务器，以中心服务器作为主服务器，通过广域网将两台服务器进行互联，然后分别给项目部和设计中心建立模型的计算机进行授权，就可以随时将修改的模型上传到服务器上，实现模型的异地共享，确保模型的实时更新。主要的硬件配置如下：

（1）项目拟投入多台服务器。如：项目部包括数据库服务器、文件管理服务器、Web 服务器、中心文件服务器、数据网关服务器等；Revit Server 服务器等。

（2）若干台 NAS 存储。如：项目部包括 10 T NAS 存储；公司 BIM 中心包括 10T NAS 存储。

（3）若干台 UPS。

（4）若干台图形工作站。硬件与网络拓扑结构如图 2.1-3 所示。常见硬件设备见表 2.1-2。

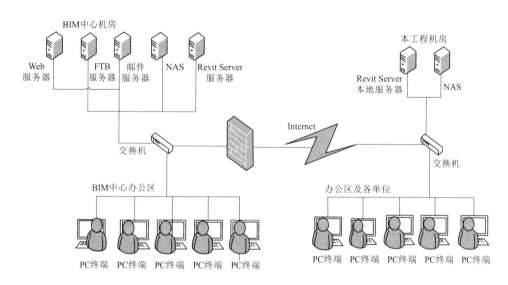

图 2.1-3　硬件与网络拓扑结构

表 2.1 - 2   常 见 硬 件 设 备

工 作 任 务	硬件配置建议	
	名称	性 能 指 标
常规 BIM 设计工作：创建专业 BIM 模型、创建族库等	操作系统	Microsoft Windows 7 SP1 64 位 或 Microsoft Windows 8 64 位 或 Microsoft Windows 8.1 64 位
	CPU	英特尔酷睿 i3 或 i5 系列或同等 AMD 处理器
	内存	8GB
	显示器	1680×1050 真彩色
	显卡	Nvidia Quadro K600 或更高
	硬盘	500 GB SATA 硬盘（7200 rpm）
大模型应用：大模型整合、漫游、渲染等	操作系统	Microsoft Windows 7 SP1 64 位 或 Microsoft Windows 8 64 位 或 Microsoft Windows 8.1 64 位
	CPU	英特尔至强或酷睿 i7 系列或同等 AMD 处理器
	内存	16GB 或更高
	显示器	1920×1200 像素真彩色
	显卡	Nvidia Quadro K4000 或更高
	硬盘	500GB SATA 硬盘（7200 rpm）或另配固态硬盘
便携式查看及交流	iPad	iPad 4/iPad Air/iPad Air2/更高

2.1.3 数字化设计施工一体化

虽然信息化、数字化已经在水利水电行业中蓬勃发展，拥有了较为深厚的基础，不过由于工程建设各阶段对信息模型用途和细节的要求不同，各阶段实施主体间数字化、信息化技术水平存在一定的差异，现阶段业内主要采用"分布式"信息模型，如设计信息模型、施工仿真模型、进度信息模型、费用控制模型及质量监控模型等，这些模型往往由相关设计企业、施工企业、科研院所或者建设管理公司根据各自生产需要单独建立，信息的载体仍然以二维图纸和报告为主，协同性差、信息孤岛、效率低等问题未能得到解决。

工程建设和信息处理是两个不可分割的过程，推行设计施工一体化，实现的是工程建设过程的集成；BIM 技术促进的是项目信息处理过程的集成。基于 BIM 的设计施工一体化建设，通过信息处理过程的集成实现生产过程的有效改进和重组，为不同参建方提供协作平台，实现信息共享，能很好地为目前设计施工一体化的困境提供出路。BIM 作为一种全新的建筑信息化工具，在建筑行业得到了飞速的发展，许多研究成果得到了实践的检验。一些水利水电企业逐渐认识到 BIM 在链接设计与施工信息方面的优势，将其视为破解水利水电工程设计施工一体化困境的手段，纷纷开展 BIM 与水利水电领域的融合研究。

1.BIM 促进设计、施工分离向设计施工一体化发展

目前我国水利水电行业主要采用以设计-招标-建造（Design - Bid - Building，DBB）

15

为主的设计、施工分离模式进行工程项目管理。设计过程一般是在方案设计、初步设计获得批准后，实施施工图设计。施工图设计不分阶段，由设计院一竿子到底，完成全部图纸（包括方案设计、初步设计和施工图设计）的设计。在这种模式下，与施工最紧密相连的施工图都是由设计单位来完成。由于设计和施工的长期完全分离，设计人员对施工具体细节了解得不是很清晰，施工又不甚了解设计规范和流程。

引入 BIM 理念，在设计阶段进行设计方案的优化和选择、建筑结构的数值仿真。在施工阶段以设计完成的图纸和 BIM 模型为基础，建立施工技术 BIM 三维模型，并复核检查，进行模拟分析优化；成本预算部门进行三维算量、成本预算；工程部门利用 BIM 的模拟、可视化进行质量安全控制、机电设备等的碰撞检查。设计、施工分离模式下 BIM 应用技术路线图如图 2.1-4 所示。

虽然 BIM 在信息方面具有优势，但将 BIM 应用到传统模式下只能改善项目信息的连续性，在一定程度上增强设计与施工单位间的信息交互，并不能从根本上解决设计施工阶段的信息流失，只有选择适合 BIM 信息共享路径的建设模式才能更好地发挥信息技术的作用。

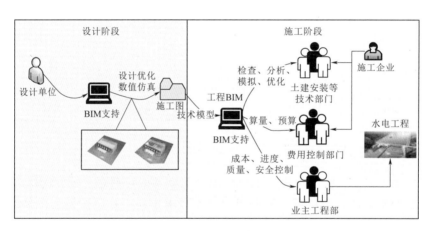

图 2.1-4　设计、施工分离模式下 BIM 应用技术路线图

2.BIM 实现设计施工一体化模式的应用

通过采用设计施工一体化模式，集成工程建设过程，可解决水利水电建设领域传统的设计、施工分离模式造成的设计、施工过程中协调性差、整体性不强等问题。BIM 的技术核心是计算机三维模型所形成的工程信息数据库，不仅包含了设计信息，而且可以容纳从设计到建成使用，甚至是使用周期终结的全过程信息。通过 BIM 集成项目信息处理过程，可为实现设计施工一体化提供良好的技术平台和解决思路。

基于 BIM 的设计施工一体化建设，通过信息处理过程的集成实现生产过程的有效改进和重组，同时借助 BIM，使施工方介入水利水电项目施工图设计阶段，共同商讨施工图是否符合施工工艺和施工流程的要求，加强设计方与施工方的交流，在项目设计阶段就植入可施工性概念，为解决设计施工一体化困境提供了出路，设计、施工一体化模式下 BIM 应用技术路线图如图 2.1-5 所示。

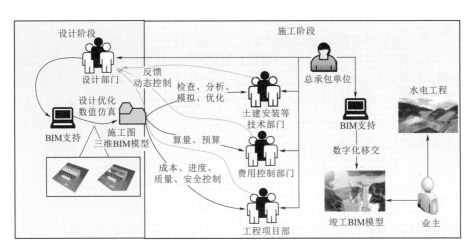

图 2.1-5　设计、施工一体化模式下 BIM 应用技术路线图

2.1.4　数字化工程中心

针对引水工程信息系统应用的需求，需建立云共享平台。云共享平台必须是一个庞大的资源池，各应用根据需求分配相应资源。云平台的资源可以按需提供服务。通过集成海量存储和高性能的计算能力，提供较高的服务质量。云平台采用数据冗余和分布式存储来保证数据的可靠性，数据多副本容错、计算节点同构可互换等措施保证了数据存储的可靠性。任何节点发生物理故障，计算平台会自动把任务转移到其他物理资源继续运行。

数据中心具体的建设内容包括：建立一个大数据支撑平台，该支撑平台是数据中心数据仓库、各类应用的载体；对企业各部门建立信息资源服务门户，对第三方（政府、企业和公众）建立信息资源公共服务门户；建立数据采集汇聚平台、数据整合服务平台、数据应用平台、数据运营管控平台和综合运维管理平台，其中数据应用平台从面向管理、面向服务和面向决策三个维度开展多类应用的服务支持；从基础数据、业务数据、分析决策数据、共享数据等方面建立多个数据库支撑整个数据中心的发展；形成一套标准规范体系，包括管理制度、标准规范、数据管控体系等。

2.1.5　数字化设计平台

昆明院是国内水利水电行业较早开展三维数字化技术应用的单位。在"解放思想、坚定不移、不惜代价、全面推进"的三维设计指导方针和"面向工程，全员参与"的三维设计理念的指导下，经过多年的研发与项目实践，昆明院已经实现多设计软件的平台级整合、多专业协同模式的建立、多设计软件的插件开发、BIM/CAE 集成技术的无缝对接；同时开发了一系列数字化设计、仿真和办公系统，包括三维地质建模系统、工程边坡三维设计系统、大体积三维钢筋绘制辅助系统、虚拟仿真施工交互系统、文档协同编辑系统、三维数字化移交系统等。

2011 年年初，昆明院针对水利水电工程在项目周期中的业务特点和发展需求，研发了 HydroBIM 综合管控平台，为水利水电工程规划设计、建设、运行管理提供了一体化、信息化的解决方案。HydroBIM 是学习借鉴建筑业 BIM、制造业 PLM 的理念和技术，引入 "工业 4.0" "互联网＋" 的概念和技术，发展起来的一种多维（3D、4D -进度/寿命，5D -投资，6D -质量，7D -安全，8D -环境，9D -成本/效益……）信息模型和体现大数据、全流程、智能化管理技术的解决方案，是以信息驱动为核心的现代工程建设管理的发展方向，是实现工程建设精细化管理的重要手段，是昆明院在三维数字化协同设计基础上持续推进数字化、信息化技术在水利水电工程建设和运行维护管理中的创新应用的集成。昆明院 HydroBIM 已正式获得商标注册证书。HydroBIM 具有高技术特征，易于全球流行和识别。

随着数字中国、智慧社会理念的提出，未来社会将进入万物互联的全新时代，云计算、大数据、物联网、移动应用和人工智能将深度融合到工作和生活中。围绕信息技术的发展与水利水电业务需求，昆明院以 HydroBIM 技术为基础深入挖掘智慧应用场景，全面发挥 HydroBIM 的价值，加快水利水电工程的智慧化进程，具体研究内容包含以下五个方面。

（1）BIM＋GIS。水利水电工程中包含各类较大单体工程、长线工程以及大规模区域性工程，工程全生命周期中区域宏观管理与单体精细化管理并存、水利水电工程的地理空间数据与工程管理数据并存。

GIS 以直观的地理图形方式获取、存储、管理、计算、分析和显示与地球表面位置相关的各种数据，GIS 技术实现了地理信息的数字化。BIM 技术为建筑物数字化提供了技术路线和方法，两种技术融合将实现宏观到微观的整合互补。

BIM＋GIS 的融合应用能实现跨领域的空间信息和模型信息的集成，在 GIS 大场景中展示设计方案并进行比较，基于 BIM 模型进行设计优化和数据分析，减少错漏，全面提高项目精细化管理水平与信息化程度。

（2）BIM＋虚拟现实。虚拟现实技术是一种可以创建和体验虚拟世界的计算机仿真系统，其基本实现方式是计算机模拟虚拟环境从而给人以沉浸感。BIM 技术则为虚拟现实所应用的 3D 模型提供图形与基础数据。

BIM 与虚拟现实技术的集成应用包括虚拟场景构建、仿真分析、施工进度模拟、复杂局部施工方案模拟、施工成本模拟、运行监控模拟和交互式场景漫游等。BIM＋虚拟现实技术的融合应用能实现水利水电工程建设及运营过程中虚拟场景的构建、集成、模拟与交互，为项目设计、施工、运行维护过程中的沟通、讨论、决策提供了一种全新的视角和方式，提高沟通与决策效率，同时为可视化交底、施工模拟、生产管控、仿真培训、虚拟巡检、运行监控提供全新的交互式工作模式。

（3）BIM＋物联网。物联网是通过信息传感器、射频识别技术、全球定位系统、红外感应器、激光扫描器等，实时采集需要监控、连接、互动的物体或过程，采集其声、光、热、电、力学、化学、生物、位置等各种需要的信息，通过网络接入，实现物物连接及智能化感知、识别和管理。

BIM 与物联网集成应用，实质上是工程全过程信息的可视化集成与融合。BIM 技术发挥上层信息集成、交互、展示和管理的作用，而物联网技术则承担底层信息感知、采集、传递、监控、反馈和应用的功能。BIM 与物联网集成应用可在水利水电工程建设及运行维护方面发挥极大的作用，实现工程信息的可视化集成、融合和决策处理，构建全过程可视化的动态感知与智能监控系统，形成虚拟信息与实体硬件之间的有机融合，最终实现智慧化的建造与运行维护。

（4）BIM＋云计算。在全面推进新基建的建设过程中，5G、大数据中心等基础设施不断完善，大幅提升了数据的交换与传输能力。云计算是一种基于互联网的网络技术，以互联网为中心，将众多的计算机软硬件资源协调集成，提供快捷的数据计算与数据存储服务。BIM具有协调性与集成性的特点，可以集成各类工程数据，形成基于BIM的工程数据中心。基于云计算强大的计算能力，可将BIM应用中计算量大且复杂的工作移至云端，提升计算效率；基于云计算的数据存储能力，部署BIM数据中心，充分发挥BIM协同的工作特点，及时进行资源共享与工作协同。水利水电行业BIM技术的发展将依托云计算技术，发展行业级的BIM云服务平台，加快BIM技术的更新迭代。在工程全生命周期中，通过云计算技术随时随地获取工程信息，开展可视化工作协同、数据集成、数据管理、大数据分析。

（5）BIM＋数字孪生。数字孪生是以数字化的方式建立物理实体的多维、多时空尺度、多学科、多物理量的动态虚拟模型来仿真和刻画物理实体在真实环境中的属性、行为、规则等。数字孪生落地应用的首要任务是创建应用对象的数字孪生模型，而BIM技术则能构建数字孪生模型的三维虚拟空间。利用BIM＋数字孪生技术，将水利水电工程的物理实体与虚拟空间中人、机、物、环境、信息等要素相互映射、交互融合，并动态模拟水利水电工程运行管理的全生命周期状态，进而实现水利水电工程的智能运行、精准管控和可靠运行维护。

引入HydroBIM技术后，将从建设工程项目的组织、管理和手段等多个方面进行系统的变革，实现理想的建设工程信息积累，相较于传统的信息管理模式，可从根本上消除信息的流失和信息交流的障碍。

HydroBIM中含有大量的工程信息，可为工程提供强大的后台数据支持，可以使业主单位、设计单位、咨询单位、施工总承包、专业分包、材料供应商等众多单位在同一个平台上实现数据共事，使沟通更为便捷、协作更为紧密、管理更为有效，从而弥补传统的项目管理模式的不足。引入HydroBIM后的工作模式转变如图2.1-6所示。

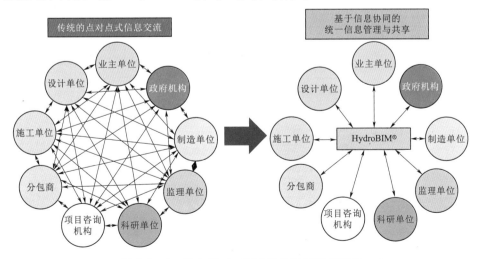

图2.1-6 引入HydroBIM后的工作模式转变

2.2　设计方法

2.2.1　数字化勘测

近二三十年来，空间定位、航空航天遥感、地理信息系统和互联网等现代信息技术迅猛发展，诞生了地球空间信息科学，使得人们能够快速、及时和连续不断地获得有关地球表层及其环境的大量几何与物理信息。地球空间信息科学的发展使 3S 技术能为工程地质勘察提供全新的观测手段、描述语言和思维工具，是当今较为热门的技术领域。另外，随着数据挖掘、物联网、BIM 技术等新技术陆续出现，并在多个行业得到普遍应用，同时在行业内整体结构调整的大背景下，勘察设计行业对技术进步的重视与投入程度将越来越高。将数据挖掘与 BIM 相结合，可以加强信息协作，支持分布式管理模式，扩展工程数据来源，挖掘海量数据中蕴藏的价值，支持智慧型决策，为工程勘察设计阶段服务。

引水工程一般规模都比较大，对当地社会、经济、环境等具有重大的影响。为了权衡利弊、趋利避害，其勘察设计的考虑因素和所需的资料也较多，主要包括地形、地貌、地质、水文气象、交通、供水、供电、通信、生产企业及物资供应、人文地理、社会经济、自然条件等，且需对相关资料进行综合性分析与考虑。数字化勘测数据采集和处理体系架构如图 2.2 - 1 所示。

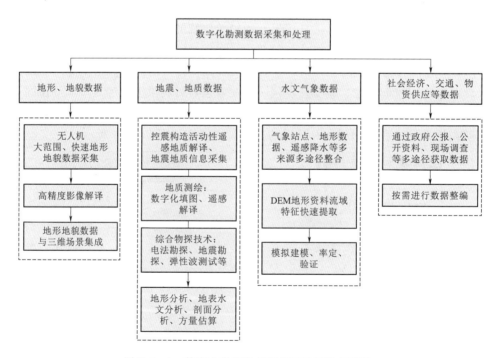

图 2.2 - 1　数字化勘测数据采集和处理体系架构

数字化勘测的数据主要包括测绘、地质、水文等基础资料，通过对基础资料的收集与整编，以项目应用阶段与需求为中心，对不同的数据进行分析，在充分满足项目需求的同时减少数据冗余，充分发挥3S集成技术、计算机技术、三维建模与可视化技术等优势，应用专业软件等手段对收集的数据进行处理、转化、建模与可视化，并能够快速、高效率、低成本完成工程前期勘察设计工作任务。在工程中，一般采用如下技术。

（1）数字化绘图技术。数字制图是指使用广义的计算机通过数字技术以数字数据形式创建电子地图，通常将地形数据作为数字数据输入为地图的基础。地理编码技术可用于为地名提供地理坐标。测绘新技术中对于数字化绘图技术的应用也较为广泛，数字化绘图的精准性和实用性使其迅速替代了传统的测绘技术。数字化绘图与传统的测绘相比，最为明显的优势就是用时少，在避免测绘周期长的同时推动了测绘新技术的推广和应用。

（2）全球导航卫星系统（Global Navigation Satellite System，GNSS）测绘技术。GNSS测量通过接收卫星发射的信号并进行数据处理，从而求定测量点的空间位置，具有全能性、全球性、全天候、连续性和实时性的精密三维导航与定位功能，而且具有良好的抗干扰性和保密性。GNSS技术应用于工程测量可以提高测量数据的精度，减少测量数据的误差；而且与传统的人工实地测量相比，空间地域对其的限制程度较低，对于从根源上提升工程质量有积极作用。

（3）摄影测量技术。在建筑密集的区域进行建筑施工时，周围的建筑对GNSS等测量技术有较大的干扰，而摄影测量在此类工程测量中因具有较高的精准度而被广泛应用。在摄影测量过程中，工作人员的操作对后期的数据有直接影响，因此在摄影测绘的过程中要遵守相关的应用规范，以此作为摄影测量整体效果的基础保障。

（4）地理信息系统（Geographic Information System 或 Geo - Information System，GIS）测绘技术。GIS技术作为一种新兴技术，包含环境科学、计算机科学、信息科学等多学科，可以对空间信息进行分析和处理。GIS技术把地图独特的视觉化效果和地理分析功能与一般的数据库操作（如查询和统计分析等）集成在一起，对建立测绘数据库有积极的辅助作用，既能保证数据库数据的准确，也对提升工程测量最后的测绘结果有积极作用。

（5）遥感测绘技术。遥感测绘技术作为近年来才被广泛应用的测绘新技术，在实际使用过程中能够对测量范围进行科学扩大。除此之外，在实际地理信息的获取过程中，遥感测绘技术还可以通过充分发挥卫星观测的功能来获取精度更高的数据，是后期工程中参考数据的主要来源之一。在拥有同类技术的前提下，遥感技术被广泛使用的其他主要原因是其获取的数据具有一定的时效性，可以通过观测绘制不同比例的地形图。

2.2.2 三维参数化设计

引水工程规模庞大，区域地形地质环境条件复杂，输水线路长，涉及范围广，输水建筑物种类繁多，包含明渠、渡槽、隧洞、暗涵和倒虹吸等多种建筑物。

在设计过程中，仅依靠传统的二维设计无法展示出整个输水工程的整体效果，以及输水工程建筑物和其他周边标志性建筑物、水系、道路等的三维模型坐落在三维地形地质模型上的宏观显示效果，因此需要引进三维设计技术。而同时，传统三维设计方式会导致许多技术水平不高的重复性工作，所构造的产品模型都是几何体要素的简单堆叠，仅仅描述了设计产品的可视形状，不包含设计者的设计思想。因此，参数化建模一直都是设计人员探索的问题，其关键是如何用实物的特征参数来自动控制和生成实物三维模型，而且特征参数发生改变能够自动地反映到三维模型中，是"大量定制"生产方式中的一项基础技术。在长距离输水工程设计中，采用参数化建模可以为模型的可变性、可重用性、并行设计等提供手段，使用户可以利用以前的模型方便地重建模型，且可以在遵循原设计意图的情况下方便地改动模型，生成系列产品。因此，为设计者提供一个交互友好的三维参数化设计环境具有重要意义，将大大提高工程的技术指标和品质、降低工程造价、缩短设计周期、减少设计错误、提高设计质量。

三维参数化设计的功能一方面是能够进行各种型式输水建筑物构件的三维参数化设计，根据指定的构件尺寸参数搜索匹配的构件三维模型，也可直接动态生成构件的三维模型，同时根据用户需求将动态生成的构件三维模型用于构件库的扩充；另一方面能够进行各型式输水建筑物整体模型的三维参数化设计，根据指定的整体模型各部分的构件尺寸参数动态生成整体三维模型，并用于更新整体模型库，且用于建立整体模型而动态生成的构件模型会同时用于更新构件库。

三维参数化设计的相互融合将提高长距离调水工程的三维设计水平，完全摆脱传统二维设计的状态和束缚，将参数化设计理念贯穿到设计的整个周期之中，建立输水工程典型建筑物 BIM 模型，提高工程各方面的协调和协作的效率，减少工程设计信息的丢失。将三维参数化设计应用到长距离引水工程中，有助于实现真正意义上的工程方案的优化及多方案的比选，对于提高工程的技术指标和品质、降低工程造价、缩短设计周期、减少设计错误、提高设计质量均可以起到重要作用，同时为今后引水工程建筑物 CAD/CAE 集成设计校核及优化设计奠定坚实的基础。

2.2.3　协同设计

协同设计是当下设计行业技术更新的一个重要方向，也是设计技术发展的必然趋势，其中有两个技术分支，一是主要适合于大型公共建筑，复杂结构的三维 BIM 协同，二是主要适合普通建筑及住宅的二维 CAD 协同。通过协同设计建立统一的设计标准，包括图层、颜色、线型、打印样式等，在此基础上，所有设计专业及人员在一个统一的平台上进行设计，从而减少现行各专业之间（以及专业内部）由于沟通不畅或沟通不及时导致的错、漏、碰、缺，真正实现所有图纸信息元的单一性，实现一处修改其他自动修改，提升设计效率和设计质量。同时，协同设计也对设计项目的规范化管理起到重要作用，包括进度管理、设计文件统一管理、人员负荷管理、审批流程管理、自动批量打印、分类归档等。

在引水工程中，工程的设计情况千差万别，不同的设计单位从具体方案到施工图出图的过程中存在各种各样的影响因素，这就使得协同设计在实际项目的操作过程中大大提高了设计行业的工作效率。三维协同设计工作流程如图 2.2-2 所示。

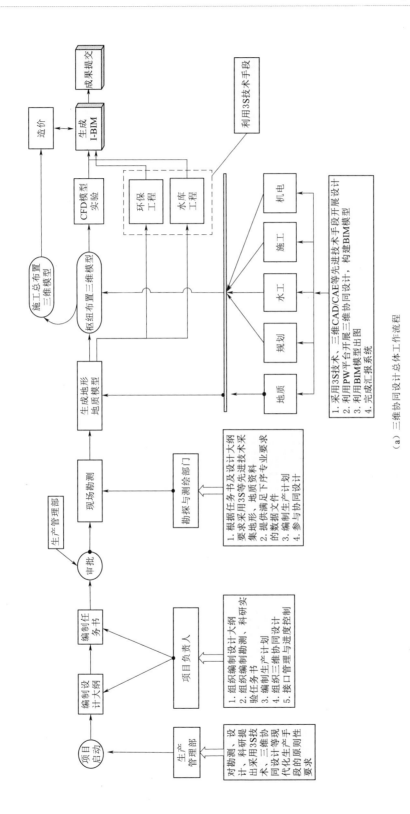

（a）三维协同设计总体工作流程

图 2.2－2（一）　三维协同设计工作流程

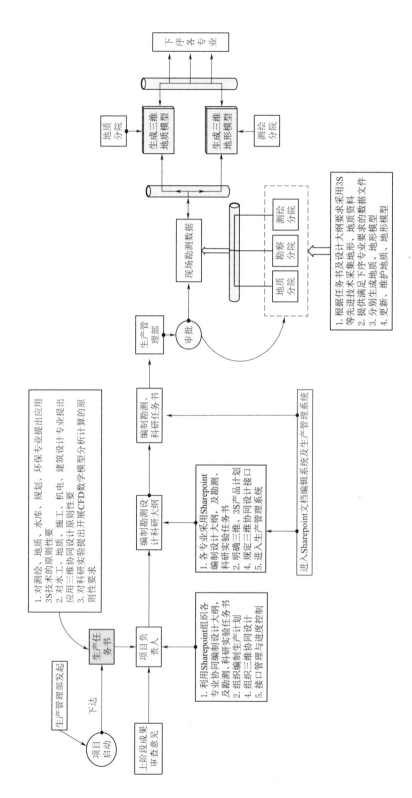

（b）三维协同设计子流程-1

图 2.2 - 2（二）　三维协同设计工作流程

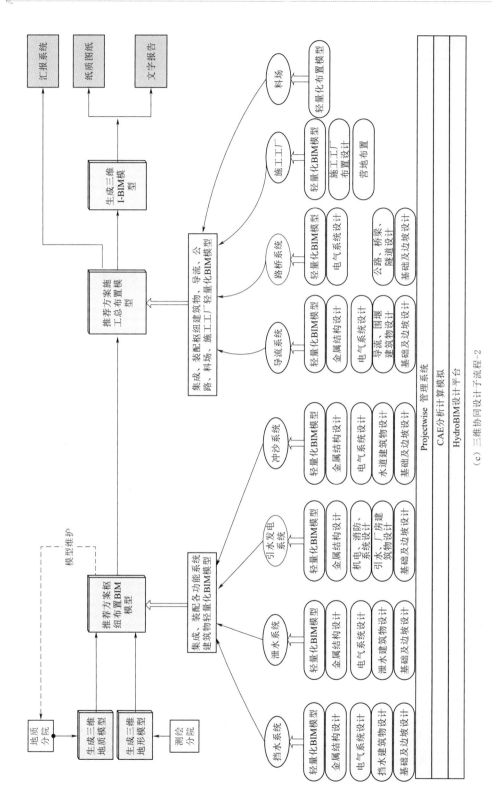

图2.2-2（三） 三维协同设计工作流程
（c）三维协同设计子流程-2

2.3　数字化工程中心建设

引水工程数字化工程中心建设的目标是利用现代遥测、遥控技术、地理信息系统、通信系统、计算机网络、大数据、云计算、物联网、BIM＋GIS 技术等科技手段，在高速宽带计算机网络的基础上，建成先进实用、高效可靠、覆盖整个工程区域的工程全生命周期信息管理系统，实现对工程的三维可视数字化建设管理、运行管理和水资源优化调度决策支持。在工程运行期应实现两大功能：一是为工程运行管理提供安全、可靠、经济、科学、先进的管理技术手段；二是为科学的输水、配水、发电、防洪、工程安全运行提供实时数据分析和专家决策支持功能。通过现代化信息技术，全面提升引水工程的数字化水平。引水工程数字化工程中心建设实施的主要内容包括智慧关键基础设施研究与建设、数据集成及协同应用、典型应用示范工程设计与实施。

2.3.1　智慧关键基础设施研究与建设

为支撑引水工程数字化工程中心建设，在开展方案编制的同时，同步开展数字化引水若干关键基础设施建设，重点是引水工程大数据、引水工程云计算、引水工程物联网、引水工程智能应用、引水工程移动互联网应用等方面。大数据主要是工程技术数据、管理数据、工程过程数据、运行数据；云计算主要是搭建基于私有云的混合云计算中心，为工程大数据提供基础设施；物联网主要是建设基于信息互联网和工程互联网的物联网网络，为工程大数据提供互联通道。

（1）智慧感知系统建设。工程大数据是工程智能的基础资源，智能应用都是建立在数据智能的基础之上的，可以说没有数据资源就不会有智能应用，因此引水工程的数据感知与汇集是实现智慧引水的关键，通过现场布置一系列的传感设备与数据传输网络建立智慧感知系统。

（2）引水工程数字化（GIS＋BIM）平台建设（工程大数据）。引水工程数字化（GIS＋BIM）平台的内容是应用遥感（RS）、地理信息系统（GIS）、工程信息模型（BIM）和混合现实（MR）等数字工程技术，对引水的工程数据进行采集、汇集，形成贯穿工程全生命周期、全要素的工程质量管理、进度管理、运行管理、设施管理、安全管理和决策支持平台。其中，工程数据包括工程全生命周期的空间信息和工程信息的实时采集，内容涵盖物理特征、功能特性和管理要素。平台可承载引水所涉及区域的空间实景与建筑物虚拟场景，可承载工程沿线全部三维地理信息，包括多比例尺的高程信息、影像信息；可承载引水工程全部水利建筑物模型，包括建筑物内部结构、几何信息、属性信息、过程信息和管理信息；平台可承载工程建设管理期和运行维护期的全部过程信息、进度、质量、安全信息和管理信息；平台基于国内自主知识产权的数据驱动引擎，确保数据安全可控。

用户可以在交互式的三维工作环境中全方位地观察工程环境，查询其关注的河道或建筑物的工程资料信息；能够在三维仿真系统中再现水量调度方案及过程，集成显示闸站监控、工程安全监测、水情测报、水质监测、视频监控等运行维护信息，建立基于全要素三维可视化系统的会商决策环境，提升调度运行管理水平。

（3）引水数字工程中心建设（云共享）。为满足引水工程监视、协同、展示、应急指挥和会商等需求，在智慧引水数字工程中心建设大屏展示指挥系统。大屏展示指挥系统主要满足系统平台监控、工作协同及展示需要，并提供相关建设和运营管理人员办公场所。工作人员可以通过大屏了解引水工程实时进展和运行状态，通过工作台配置电脑查询各自需要的信息，并通过系统对各参建方业务进行协同和应急指挥等。会商功能满足领导、专家会商、应急指挥等需求，配置有会商系统和现场指挥调度系统。

2.3.2 智慧引水应用系统建设

智慧应用是引水工程是否有智慧的直接表现，智慧应用就是挖掘智慧施工现场管理、智慧安全管理、智慧运行调度、智慧工程设施管理的应用场景。充分利用安全运行监测、危险源、隐患、风险数据，结合巡查、检查、执法、稽查等数据，以及典型事故的气象水情过程、地理地质条件、安全运行状况、事故过程等信息，利用大数据、人工智能等技术进行关联分析，提出对引水工程安全进行态势模拟、趋势预判、预测预警的技术方案，为工程建设和运行管理提供智慧决策支持。

引水工程涉及的点多、线长、面广，不可能一步到位全面开展智慧引水工作，应在开展顶层设计的同时，开展典型应用示范工程，以点带面全面推进。选择典型应用示范工程，分析工程建设和运行管理存在的问题和信息化需求，梳理实现智慧引水的特点和难点，有针对性地提出解决工程智慧化的应对手段，提炼形成具有水利工程特点的智慧水利工程，为智慧引水工程提供可行的技术路线和解决方案。结合智慧引水关键基础设施建设，实现水源工程的全要素数字化、数据共享和互联、智慧应用，建立基于各参与方的引水工程建设管理协同管理平台。

梳理分析具体引水工程智慧应用场景，对应用场景进行设计。根据设计结果，选择部分场景先期实施，形成示范。

2.4 平台建设

2.4.1 引水工程数字化平台设计理念

引水工程数字化平台设计应遵循国家和行业标准，采用标准的通信协议和先进的计算机软硬件技术与网络技术，确保整个信息化建设的先进性。系统应该满足国家相关保密法规的要求，不同单位、不同层级用户应有明确的权限要求。整体系统设计应立足长远、充分研究，从技术上保证施工期、运行期信息化建设的无缝衔接。

为保证引水工程建设管理系统的统一性与全面性，克服信息化建设中出现信息资源分散、开发利用效率低、信息整合共享不足、安全体系薄弱等常见问题，平台建设遵循以下理念。

（1）工程全覆盖的原则。要把智慧引水作为一个有机整体通盘考虑，既要考虑设计阶段，又要考虑建设和运行期；既要考虑各参建方的个性要求，又要考虑集中统一管理要求。各阶段要实现统筹兼顾，实现一个方案指导全局和工程全生命周期管理。

（2）需求引领、统筹规划、分步实施、逐步迭代的原则。以引水工程的实际内容为基础，结合智慧水利和新时代水利工程建设的新要求，以需求引领为原则。智慧水利工程是一项创新工作，不可能一步到位规划全面完善，因此智慧引水既要做好顶层设计、稳步推进、分步实施、扎实开展工作、又要能不断适应新要求、新变化，不断迭代创新。

（3）先进实用的原则。坚持先进实用的原则，既要做到高起点、高标准、高质量，创新一批先进的核心技术，又要能够适应现阶段水利工程建设的实际情况和投资的要求，避免浪费。积极采用先进的信息技术，并适度考虑超前部署，为技术进步、功能扩展和性能提升预留发展空间。

（4）自主创新、安全可靠的原则。引水工程数字化平台是以信息化为基础的一项创新工作，信息安全十分重要。特别是工程数据（BIM数据）、智能算法（信息模型）、核心系统在建设过程中要坚持自主创新，做到数据安全、信息安全、系统安全和工程安全。

（5）标准化原则。引水工程数字化平台建设遵循关键设施设备、重要系统接口、数据传输和信息存储等标准统一，形成智慧引水建设的技术标准，指导规范智慧引水工程建设，从根本上解决设备通信困难、信息编码不一致、功能接口不能互操作等问题，破除信息孤岛，支撑全面互联、共享、协同。

2.4.2 引水工程数字化平台架构

引水工程数字化平台以工程主体方需求和工程开发建设规律为依据，借助物联网技术、3S技术、BIM技术、BIM/CAE集成技术、云计算与存储技术、工程软件应用技术和专业技术等，开发以工程安全和质量管理为中心、以BIM+GIS为核心平台、以协同管理为控制平台的水电工程规划设计、工程建设、运行管理一体化的综合平台。采用三维数字模型及数据库，关联工程建设过程中的进度、质量及建筑物环境信息，关联设计文件、相关会议纪要、设备资料等，通过多维信息模型可查询、管理所有工程信息、即时施工信息和工程运行期实时安全监测信息，实现施工期施工质量和进度的监控及运行期工程安全的监测；通过提供一个跨企业（行政主管机构、业主、建设管理、勘测设计、施工、监理等）的合作环境，来控制工程全生命周期信息的共享、集成、可视化和标记，实现工程建设实施过程及运行管理过程的设计质量、工程质量、建设管理、工程安全、综合效益"五位一体"的有效管理，为工程各阶段验收提供准确、全面、可信的数据资料。

根据引水工程数字化平台的建设目标及功能要求，结合先进的软件开发思想，设计了四层体系架构，即由数据采集层、数据访问层、功能逻辑层、表示层组成，如图2.4-1所示。四层体系架构使得各层开发可以同时进行，并且方便各层的实现更新，为系统的开发及升级带来便利。

数据采集层：建立数据采集系统和数据传输系统，实现对工程项目自然资源信息（包括水文、地质、地形、移民、环保等相关信息）的收集工作。

图 2.4-1 引水工程数字化平台体系架构

数据访问层：建立数据库建设与维护系统，实现对 BIM 中的数据进行直接管理及更新。

功能逻辑层：该层是系统架构中体现系统价值的部分。根据水电工程全生命周期安全质量管理系统软件的功能需要和建设要求，功能逻辑层设计以下五个子系统和两个平台：①工程勘测信息管理系统；②枢纽工程系统；③机电工程系统；④生态工程系统；⑤引调水工程系统；⑥工程信息管理总控平台；⑦工程信息可视化管理分发平台。

表示层：该层用于显示数据和接收用户输入的数据，为用户提供一种交互式操作的界面。

从体系架构图中可以看出，功能逻辑层中的工程信息管理总控平台隔离了表示层直接对数据库的访问，这不仅保护了数据库系统的安全，更重要的是使得功能逻辑层中的各系统享有一个协同工作环境，不同系统的用户或同一系统的不同用户都在这个平台上按照制定的计划对同一批文件进行操作，保证了设计信息的实时共享，设计更改能够协同调整，极大提高了设计效率，为 BIM 的数据互用及协同管理的实现奠定了基础，故该平台是系统软件安装的必需基础组件。

2.4.3　引水工程数字化平台数据库框架

基于 BIM、大数据、云计算与存储、移动互联等工程数字化、信息化技术，架构包含工程模型信息库、安全监测信息库、工程量信息库、施工质量信息库、工程知识资源库和数字移交信息库等的引水平台统一数据库，以其为支撑，通过数字移交、招标采购管理、建设质量实时监控、安全评价与预警及工程知识资源管理等服务，实现规划设计向工程建设和运行管理扩充，为引水工程全生命周期管理提供强大的数据支持。引水工程数据库框架如图 2.4-2 所示。

图 2.4-2　引水工程数据库框架

第3章　数字化测绘技术

3.1 3S 技术

3S 技术是地球观测系统的三大支撑技术，包括遥感（RS）、全球定位系统（GPS）和地理信息系统（GIS），三者实现了空间信息采集、存储、管理、处理、分析和应用。3S技术各有所长、互相补充。利用 3S 技术有机集成，能够为突发地质灾害应急管理、长线工程智能选线、三维地质建模等提供强有力的技术支撑。其中，RS 在搜集大范围地物特征数据方面能力强，GPS 优势在于迅速定位及精准采集数据，GIS 则具备强大的信息管理、空间分析及全面整合能力。它们的有机融合可以实现多种手段的整合。

3S 技术应用非常广泛，在农业、军事、交通、工业等领域都有应用，如找矿、农作物的产量估算、环境监测、土地使用改变等。

（1）遥感。遥感技术（Remote Sensing，RS），是感应物体辐射和反射的电磁波并分析其特性的一种新兴技术，是一种非接触式的、远距离的探测技术。任何物体都会辐射和反射电磁波，遥感技术中运用传感器和遥感器，不接触物体并对其辐射和反射的电磁波的特性进行探测分析，获得物体的部分特征性质，同时可进行动态监测。现代遥感技术主要包括信息的获取、传输、存储和处理等环节。完成上述功能的全套系统称为遥感系统，其核心组成部分是获取信息的遥感器。遥感器的种类很多，主要有照相机、电视摄像机、多光谱扫描仪、成像光谱仪、微波辐射计、合成孔径雷达等。传输设备用于将遥感信息从远距离平台（如卫星）传回地面站。信息处理设备包括彩色合成仪、图像判读仪和数字图像处理机等。

苏联在 1957 年发射人造卫星使得遥感技术进入飞速发展阶段，遥感在各个领域的发展过程中结合了同领域的其他技术，使得该技术的应用领域更加广泛。

我国于 20 世纪 80 年代初在中国科学院成立了遥感应用研究所，并于 90 年代将遥感技术定为我国发展国民经济的 35 项关键技术之一，目前，我国的卫星遥感数据已覆盖了国土面积的 80％以上。

（2）全球定位系统。全球定位系统（Global Positioning System，GPS），又称全球卫星定位系统，是一种以人造地球卫星为基础的高精度无线电导航的定位系统。GPS 可以为地球表面绝大部分地区提供准确的定位、测速和高精度的时间标准，满足位于全球任何地方或近地空间的军事用户连续精确的确定三维位置、三维运动和时间的需要。该系统包括太空中的 24 颗 GPS 卫星；地面上 1 个主控站、3 个数据注入站和 5 个监测站及作为用户端的 GPS 接收机。

GPS 由美国从 20 世纪 70 年代开始研制，其主要目的是为陆、海、空三大领域提供实时、全天候和全球性的导航服务，并用于情报收集、核爆监测和应急通信等一些军事目的，是美国独霸全球战略的重要组成。经过 20 余年的研究实验，耗资 300 亿美元，到 1994 年 3 月，全球覆盖率高达 98％的 24 颗 GPS 卫星星座已布设完成。

GPS 自问世以来，就以其高精度、全天候、全球覆盖、方便灵活吸引了众多用户。GPS 定位技术具有高精度、高效率和低成本的优点，可以用来引导飞机、船舶、车辆和个人安全、准确地沿着选定的路线，准时到达目的地，并且在各类大地测量控制网的加强改造和建立以及在公路工程测量和大型构造物的变形测量中得到了较为广泛的应用。

（3）地理信息系统。地理信息系统（GIS），是处理地理信息的系统。地理信息是指直接或间接与地球上的空间位置有关的信息，又称为空间信息。一般来说，GIS 可定义为："用于采集、存储、管理、处理、检索、分析和表达地理空间数据的计算机系统，是分析和处理海量地理数据的通用技术"。从 GIS 系统应用角度可进一步定义为："GIS 由计算机系统、地理数据和用户组成，通过对地理数据的集成、存储、检索、操作和分析，生成并输出各种地理信息，从而为土地利用、资源评价与管理、环境监测、交通运输、经济建设、城市规划和政府部门行政管理提供新的知识，为工程设计和规划、管理决策服务。"GIS 的基本功能是将表格型数据（无论它是来自数据库、电子表格文件，或是直接在程序中输入）转换为地理图形显示，然后对显示结果浏览、操作和分析。其显示范围可以从洲际地图到非常详细的街区地图，显示对象包括人口、销售情况、运输线路和其他内容。

GIS 技术在资源与环境应用领域中发挥着技术先导的作用。GIS 技术不仅可以有效地管理具有空间属性的各种资源环境信息，对资源环境管理和实践模式进行快速和重复的分析测试，便于制定决策、进行科学和政策的标准评价，而且可以有效地对多时期的资源环境状况及生产活动变化进行动态监测和分析比较，同时还可将数据收集、空间分析和决策过程综合为一个共同的信息流，明显地提高工作效率和经济效益，为解决资源环境问题和保障可持续发展提供技术支持。

GIS 的应用系统主要由硬件、软件、数据、人员和方法构成。GIS 应具备五项基本功能，即数据输入、数据编辑、数据存储与管理、空间查询与空间分析、可视化表达与输出。除此之外，还应有用户接口模块，用于接收用户的指令、程序或数据，是用户和系统交互的工具。

3.2　3S 的集成设计技术

3S 的集成是指 GIS、RS 和 GPS 的整体集成，即以地理空间数据库为连接 GIS、RS 和 GPS 的接口，以 RS 和 GPS 作为实时采集属性数据和空间数据的工具，以 GIS 为数据处理、存储、查询、分析及显示的软件平台。GIS、RS 和 GPS 三者集成利用，构成为整体的、实时的和动态的对地观测、分析和应用的运行系统，提高了 GIS 的应用效率。

3S 的集成模式包括以 GIS 为中心和以 GPS/RS 为中心的集成方式。前者的目的主要是非同步数据处理，通过利用 GIS 作为集成系统的中平台，对包括 RS 和 GPS 在内的多种来源的空间数据进行综合处理、动态存贮和集成管理，同样存在数据、平台（数据处理平台）和功能三个集成层次，可以认为是 RS 与 GIS 集成的一种扩充；后者以同步数据处理为目的，通过 RS 和 GPS 提供的实时动态空间信息结合 GIS 的数据库和分析功能为动态管理、实时决策提供在线空间信息支持服务。该模式要求多种信息采集和信息处理平台集成，同时需要实时通信支持，故实现的代价较高。

3S 的集成方式可以在不同的技术水平上实现。低级阶段表现为互相调用一些功能来实现系统之间的联系；高级阶段表现为 GIS、RS 和 GPS 三者之间不只是相互调用功能，而是直接共同作用，形成有机的一体化系统，对数据进行动态更新，快速准确地获取定位信息，实现实时的现场查询和分析判断。开发 3S 集成系统软件的技术方案一般采用栅格数据处理方式实现与 RS 的集成，使用动态矢量图层方式实现与 GIS 集成。

3.2.1 3S 集成数据获取

在 RS 与 GIS 的集成中，RS 数据是 GIS 的重要信息来源。RS 的分类图像数据经过栅格—矢量转化形成空间矢量结构数据，可以满足 GIS 的多种应用和需求。利用 RS 数据可以进行各种地物要素的提取、DEM 数据的生成，以及水土保持和水土流失动态变化和地图信息更新。GIS 作为图像处理工具，可以进行几何纠正和辐射纠正、图像分类和感兴趣区域的选取。RS 与 GIS 的结合实质是数据转换、传输、数据配准。

在 RS 与 GPS 的集成中，RS 和 GPS 都是重要的数据源。RS 数据量很大，侧重从宏观上反映图像信息和几何特征；GPS 数据量小，侧重提供特征点的几何信息，发挥定位及导航的功能。二者有机结合的实质就是几何校正、训练区选择以及分类验证，提供定位 RS 信息查询，也就是定性、定位、定量地对地观测。利用 GPS 可实现 RS 摄影测量内外定向元素测定、航测控制点定位、RS 几何纠正点定位、数据配准等功能。

在 GIS 与 GPS 的集成中，GPS 是 GIS 的重要数据源。通过 GPS 可以获得任意接收点的空间位置坐标数据，还可用于测时、测速。对于 GIS 来说，GPS 提供了一种极为重要的实时、动态、精确获取空间数据的方法，大大地拓展了 GIS 的应用领域和应用方式。

3.2.2 3S 集成数据处理与分析

在 RS 与 GIS 的集成中，GIS 可作为 RS 图像解译的强有力的辅助工具，为 RS 提供管理和分析的技术手段。RS 信息源主要来源于地物对太阳辐射的反射作用，应用中会出现同物异谱或同谱异物现象，仅利用 RS 数字图像处理，难度较大，若将 RS 与 GIS 结合起来，如利用 GIS 将地形划分为阳坡、阴坡、半阴坡及高山、中山、低山，配合 RS 进行地表植被分类，就能获得较好的效果。

在 GIS 与 GPS 的集成中，GIS 对于 GPS 是一种重要的空间数据处理、集成和应用工具。二者紧密联系，可共同开创和深化更多领域的空间应用。如将 GPS 的观测或测量到的定位数据通过相关软件导入到 GIS 中，在电子地图上可以实现长度、面积、体积等的实时计算与显示、定位；如将黄河流域所有淤地坝的定位信息导入到 GIS 中，同时将相关的建设时间、竣工时间、库容、淤地面积、坝高等信息导入，就可以实现黄河流域淤地坝及专题信息的定点查询，同时还可以更新空间点位置。

3.2.3 引水工程 3S 的集成设计技术

在引水工程中，昆明院利用 3S 的集成设计技术，包括低空无人机航空摄影测量系统，航空影像、卫星影像、ADS80 数据在工程中的应用技术，Erdas、DPGrid 等多个航测遥感图像处理软件，正射影像图和数字高程模型的制作方法等，为建立引水工程区域三维地理场景提供了完备的解决方案。同时，引进了 ArcGIS、Skyline 等地理信息系统软件，组织专门的人员进行了研究及应用，积累了大量三维 GIS 信息系统开发方面的技术和经验，研究开发的水电工程三维地理信息系统原型已在牛栏江引水工程选线等多个项目中进行了应用，可以为引水工程项目的建立提供充实的技术支持和丰富的开发经验。该系统原型实现了三维地理场景可视化、矢量数据叠加、空间分析、线路三维模型转换导入等，可以为引水智能选线项目提供完备的技术基础和支撑条件。2016 年昆明院等研究了三维 GIS 选线辅助平台及参数化智能设计系统两大核心模块的长距离引水工程智能辅助设计平台关键技术，并运用于滇中引水工程。

在引水工程的建设期，可以采用无人机定期采集全景工区全景影像，记录工程施工进展、资源投入、场地布置、交叉作业等情况，分析质量、安全隐患，指导工程建设。同时，通过定期留存、比对历史数据，做到施工质量安全过程可追溯，为质量安全验收、重大工程节点、应急指挥等环节提供支撑。

遥感技术也可以应用于引水工程的水量、水质监测中。国外从 20 世纪 70 年代开始就针对多光谱传感系统的 4 个波段进行湖泊水量水质遥感研究，美国国家宇航局和欧洲宇航局相继发射新一代卫星，用于监测全球的水质水量变化，目前国外已经广泛将遥感技术应用于水资源现状分析及其动态变化和水容量估测等工作中。国内在此方面的研究也拥有一定的基础和成果，有学者利用水文统计数据和遥感影像建立水库水位-库容模型和水库面积-库容模型并完成水库库容的测算，也有研究人员利用 DEM 和遥感影像较好地拟合出水位面积曲线；2006 年管军等利用 SVM 对长江口水域进行水质状况识别和评价、将 SVR 方法应用在地表水质的综合评价研究中。此外，国内的自然科学基金也曾支持过水质遥感方面的研究应用。

3.3　无人机激光雷达测量数据采集技术

激光雷达（Light Detection and Ranging，LiDAR）技术作为近些年发展起来的一种新型的空间信息采集技术，其通过发射高频率激光脉冲，完成对目标区域内所包括的地物进行扫描，从而获取海量的包括地面信息的点云数据。该技术不仅能够表达目标物体的三维信息，而且也能表现几何结构、弱纹理等信息。激光雷达系统根据搭载平台的不同可分为星载、机载、车载和地面四类，其中机载激光雷达应用最广泛。无人机激光雷达测量系统整合了 LiDAR 技术、全球定位系统（GPS）和惯性测量技术（IMU），以无人机作为搭载平台，能够准确、快速地采集具备高精度特点的地面地形数据。机载三维激光雷达测量系统获取的点云数据同时具有精度高、海量、效率高等特点，且采集工作受天气、太阳等自然条件影响较小。目前激光雷达每秒能够获取数十万个点云数据，其精度可达到毫米甚至微米级，为后期对目标地物进行还原和建模提供了大量可靠的数据资源。与光学摄影测量方式不同，机载三维激光雷达测量能够在夜晚进行。无人机激光雷达测量技术能更好地实现勘测设计一体化，相比传统测绘，它具有全天时、作业效率高、较大程度克服植被覆盖影响的优势，适用于高山峡谷等地形复杂地区数据采集。

3.3.1　无人机激光雷达测量设备

无人机激光雷达测量系统主要由航飞平台、激光雷达、全球定位系统、惯性导航系统（INS）、数码相机、控制系统、数据存储系统、数据处理及显示软件和供电系统等组成（图

3.3-1)。当机载激光雷达飞行时，激光设备发射、接收激光束，对地面进行线状扫描，同时，全球定位系统确定传感器的空间位置，惯性导航系统测量飞机的实时姿态，包括滚动、仰俯和航偏角等。以上系统几个部分同步工作并集成于一体，经后期数据处理后，即可获取测量的三维数据。

激光雷达包括一个单束窄带激光器和一个接收系统。激光器产生并发射一束光脉冲，打在物体上并反射回来，最终被接收器所接收。接收器准确地测量光脉冲从发射到被反射回的传播时间。因为光脉冲以光速传播，所以接收器总会在下一个脉冲发出之前收到前一个被反射回的脉冲。鉴于光速是已知的，传播时间即可被转换为对距离的测量。结合激光器的高度，激光扫描角度，从 GPS 得到的激光器的位置和从 INS 得到的激光发射方向，就可以准确地计算出每一个地面光斑的坐标 X、Y、Z。激光束发射的频率可以从每秒几个脉冲到每秒几万个脉冲。举例而言，脉冲为 1 万次/s 的系统，接收器将会在一分钟内记录点达 60 万个/min。激光雷达的工作原理与雷达非常相近，以激光作为信号源，由激光器发射出的脉冲激光，打到地面的树木、道路、桥梁和建筑物上，引起散射，一部分光波会反射到激光雷达的接收器上，根据激光测距原理计算，就得到从激光雷达到目标点的距离；脉冲激光不断地扫描目标物，就可以得到目标物上全部目标点的数据，用此数据进行成像处理后，就可得到精确的三维立体图像。

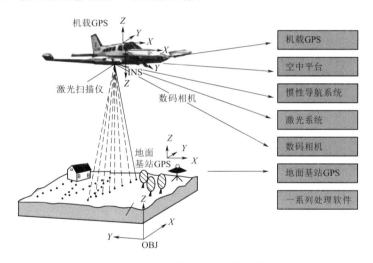

图 3.3-1 无人机激光雷达测量系统组成图

全球定位系统（GPS）用于为载机平台实时提供三维导航和测速，并为整个系统进行高精度的时间传递和精密定位，为了达到满足精度要求的定位数据，通常使用动态载波相位差分 GPS，利用地面基准站和机载平台搭载的移动站至少两台 GPS 信号接收机同步而连续地观测 GPS 卫星信号，同时记录瞬间激光和数码相机开启脉冲的时间标记，再进行载波相位测量差分定位技术的离线数据处理，以得到高精度的定位数据。

惯性测量技术（IMU）或称惯性导航系统（INS），是用来获取激光雷达机载平台的飞行姿态信息的设备。基本工作原理是以牛顿力学定律为基础，通过测量载体在惯性参考系的加速度，将其对时间积分，且把它变换到导航坐标系中，就能够精确记录飞行期间的俯仰角、横滚角和偏转角。

全球定位系统和惯性导航系统共同组成导航定位定向系统（Position and Orientation System，POS）。通过全球定位系统获取位置数据作为初始值，通过惯性导航系统获取姿态变化增量，应用卡尔曼滤波器、反馈误差控制迭代运算，生成实时导航数据。应用机载POS组合导航系统可以获取传感器的姿态和绝对位置，以获取机载激光雷达系统的运动轨迹和姿态信息，并以此支持三维激光点云的解算。

航空数码相机部件拍摄采集航空影像数据。利用高分辨率的数码相机获取地面的地物地貌真彩或红外数字影像信息，经过纠正、镶嵌可形成彩色正射数字影像，可对目标进行分类识别，或作为纹理数据源。

3.3.2　无人机激光点云数据预处理

利用无人机激光雷达测量设备得到的数据，以结构化的三维点坐标形式存在，通常被称为点云。点云数据是三维建模、仿真的基础数据，但生成的原始点云数据只是经过空间坐标系统校正的中间数据，需要进行数据预处理，目的是使点云内包含的空间信息能够准确地被提取出来，并以合理的方式进行表达与显示，最后进行点云数据的滤波、分类，获取准确的地面信息。预处理的步骤包括校准、去噪、抽稀和坐标校准等。

3.3.2.1　校准

校准确定无人机平台坐标系与激光雷达探头三轴坐标系之间的偏差值，包括横摇、纵摇和偏航等系统误差。未进行航带间校准的点云数据存在严重的分带现象，未进行航带间校准的点云数据图如图 3.3－2。高精度的校准结果可有效改正由系统误差所导致的航带内与航带间的数据偏移现象，可提高数据滤波和分类精度。进行航带间校准的点云数据图如图 3.3－3。

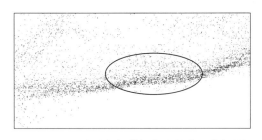 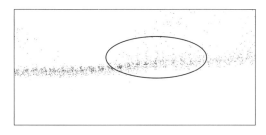

图 3.3－2　未进行航带间校准的点云数据图　　　图 3.3－3　进行航带间校准的点云数据图

3.3.2.2　去噪

在无人机激光扫描测量过程中，因为受到各种系统因素和偶然因素的影响，主要包括外界环境变化引起的噪声；激光本身存在的离散性，使得一个发射光束接收到的反射光束不是被测物体返回的从而导致获取的点云数据中含有噪声数据，这些噪声数据如果不及时进行去除，不但会增加点云数据量，而且还会影响后期建模的精度和数据处理效率，使得到的模型不具有真实感。因而进行扫描点云数据去噪光滑处理是十分重要的，如何在前期高效地实现点云数据去噪，对于高质量地构建点云数据模型具有重要的意义。

点云去噪指的是通过剔除点云中的各类噪声，使点云能够准确地反映目标的几何空间结构和类别属性。无人机激光雷达通过发射激光束并接收回波信号以得到地物的信息，而回波信号主要由两部分构成：一是激光束从发射到接收回波信号的时间差（Time of Flight，TOF），由此可获取地物目标距激光扫描仪的距离信息，从而可推算得到该束激光所照射地物的空间坐标，此类信息称为激光雷达的距离像；二是激光束经地物反射后由激光雷达接收得到的回波能量强度（Intensity），该能量强度主要与地物目标在该激光波长下的反射特性有关，可在一定程度上反映地物目标在该波长光下的光谱特性，此类信息称为激光雷达的强度像。这两种数据的结合即为激光点云，其中，点云角点的坐标即为激光雷达的距离像，点云的强度值为激光雷达的强度像。由此可将点云噪声分为两大类：距离像上存在的噪声称为空间噪声，强度像上存在的噪声称为强度噪声。考虑到激光雷达点云数据的特征在于其空间三维属性，因而绝大多数研究人员重点关注点云的空间噪声；而点云强度值由于使用频率较低，且目标的强度信息可由相机图像数据进行补充，故强度噪声往往未经过精细处理。因此，若未特指，目前研究所涉及的点云噪声均为空间噪声。

相较于系统误差，点云噪声可视为随机误差。点云噪声可分为典型噪声点与非典型噪声点：①典型噪声点是在一定局部范围内明显高出地物点的高程异常点，或称之为离群点（Outlier）。此类噪声点在形状上可展现为点状或块状；②非典型噪声点是在一定局部范围内不能明显高出邻近地面点和地物点的高程的异常点，其混淆于主体点云之中。此类噪声在空间上表现为低矮噪声，形状可呈点状或块状，包括冗余点（Duplicate Points）（采样过程中重复扫描同一区域或多条航带重叠使密度上升的冗余数据点，称为第一类非典型噪声点）与混杂点（Coarse Points）（吸附于物体表面造成数据三维空间结构模糊，称为第二类非典型噪声点）。

在去噪过程中，利用剖面工具进行数据剖面选取，通过人工视图分析，删除点云中明显的跳点，或利用数据处理软件中去除噪声点功能进行去除。此种去噪方法的原理是对数据进行预分类，然后将噪声点归到一个单独的类中，使其不受处理其他类别时的影响。植被摆动时产生的跳点见图 3.3－4，测距误差点产生的跳点见图 3.3－5。相似跳点的高程与其他相近位置的点之间的残差较大，且位置随机，如果将该类点纳入数据抽稀、分类和滤波运算，将会对数据处理结果产生极大影响。在进行激光雷达数据采集时，搭载平台上配套的航摄设备可同时采集现场的正射影像，后期处理时可以结合正射影像更加准确地对跳点进行剔除。

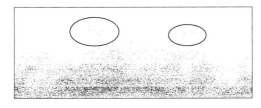

图 3.3－4 植被摆动时产生的跳点
（圈中所围的跳点）

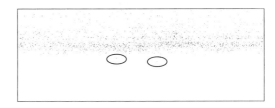

图 3.3－5 测距误差点产生的跳点
（圈中所围的跳点）

3.3.2.3 抽稀

抽稀工作为确定地面点打下基础。提取地面点的计算机自动识别法是利用迭代方法进行运算的，大范围的点云数据包含几千万个数据点，其运算量是一般计算机难以承受的，而且点云密度过高是不必要的。根据实际需要，将点云数据进行抽稀，以便进行下一步的分析、分类和成图。

3.3.2.4　坐标校准

在生成点云数据时，其位置表达采用系统默认的 WGS84 大地坐标系。为了方便施工，工程项目组一般采用当地坐标系统，在进行数据处理时，需要对点云数据进行坐标系统转换。转换方法：先将求得的 WGS84 大地坐标系至当地坐标系的转换参数输入至软件坐标系统设置界面的指定位置；再检查采用的大地椭球、中央经纬度及方向加常数是否正确；经检查无误后，对数据进行整体转换。将转换后的点云数据展绘至专业绘图软件中，查看转换成果是否正确可用。

目前针对无人机激光雷达数据预处理技术尚处于发展阶段，虽取得了一定的成果，但仍然存在许多问题亟待解决：①目前无人机激光雷达理论模型还相对较为简单，关于其误差的理论与模型建立尚待更进一步的完善；②无人机激光雷达数据预处理不同于摄影测量技术，还未形成一套权威的作业流程规范，没有行业标准可以参考；③目前研究的无人机激光雷达数据预处理基本都只局限于单激光雷达系统下的数据预处理，而未考虑根据其他传感器的特性及数据来设计多传感器系统下的激光雷达数据预处理流程；④无人机激光雷达数据预处理中某些具体的问题还需更进一步研究与完善，例如点云的去噪，需针对不同的噪声采用不同的方法；⑤针对不同的无人机激光雷达系统和采集区域，或需设计不同的数据处理流程以进行处理。

3.3.3　基于渐进加密三角网滤波提取地面点

在无人机激光雷达测量系统获取到地面的三维点云信息中，包含很多非地面对象，如桥梁、建筑物、树木、低矮植被等，需要对其进行分类及滤波处理。一般通过各种滤波方法将非地面点从原始的激光雷达测量数据中剔除出来。

国外学者在 2000 年提出了一种基于渐进加密三角网（Progressive TIN Densification，PTD）的滤波算法。通过种子点生成一个稀疏的不规则三角网（TIN），然后通过迭代处理逐层加密。最初，TIN 位于这些点的下方，并且 TIN 的曲率受到参数的限制。该算法可以处理面不连续的情况，适用于密集的城区，并且是目前商业用化最成功的滤波算法之一，被商用软件 TerraSolid 中的 TerraScan 模块采用。

经典 PTD 滤波算法基本原理为：①种子点选取。对数据区域划分规则格网，认为格网中最低点为地面点，并将其作为种子点。②构建不规则三角网（TIN）。利用地面点构建不规则三角网。③地面点判断。遍历非地面点，计算该点到最近三角形的距离和与最近三角形顶点之间形成的夹角，若距离和角度满足预先设定的阈值，则该点被标记为地面点。④迭代循环。重复步骤②和③，直到不再有新的地面点生成。

种子点选取方式造成了滤波结果出现山头被削平现象。图 3.3－6 为地形起伏地区种子点选取的示意图。选取格网中最低点为初始种子点，由于高程从山顶沿两侧下降，山顶两侧格网中的种子点一般分布于格网的两侧。利用种子点构 TIN 后，山顶处的三角形坡度较水平，加之通常山区点云数据由于植被覆盖密度大造成地面点稀疏、连续性差，落在山顶三角形中的点难以满足角度和距离阈值而不能被加密为地面点，从而造成山顶被削现象。

结合经典渐进加密三角网滤波算法种子点选取结果的特点，改进山区点云数据种子点提取方式，基于规则约束补充山脊处种子点得到更为完整的初始地表，从而提高滤波精度。

（1）查找山脊处三角形。山脊两侧地形呈下降趋势，山脊处选取到的种子点间距较其他种子点间距更大，如图3.3-6所示。在判断山脊三角形时，若仅仅利用对点云数据划分一次格网选取的种子点寻求较大三角形则容易判断错误。如图3.3-7所示，图中黑色虚线为一次格网划分，取得的种子点并以红色标示。可以看出山脊处三角形的水平分量Δl_1与常规三角形的水平分量d_1相比，虽然距离更大，但没有非常明显的优势，若查找山脊处三角形时不使用比较严格的阈值则容易判断失误。对点云数据进行多次等间距格网划分，起始位置沿X轴方向和Y轴方向按格网间距n等分值进行移动，直到与自身重合。图3.3-7中灰色虚线即为对格网间距进行3等分的划分结果，多次划分后相比于一次划分选取的种子点数增加，增加的种子点以蓝色标示；从图中可以看出，山脊三角形水平分量由Δl_1变为Δl_2，接近于格网间距w。非山脊处三角形的水平分量却因种子点密度增加而大大减小，从而更加明显地突出了山脊三角形。随着格网划分次数增加，Δl_2与d_2差距越明显。

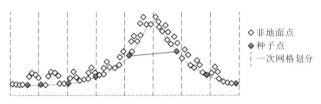

图3.3-6　地形起伏地区种子点选取示意图

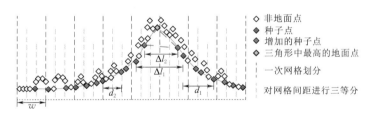

图3.3-7　多格网选取种子点示意图

分别计算TIN中的三角形的3条水平分量Δl，当至少一条边大于阈值$m \times n$时，认为当前三角形可能位于山脊处，而m一般应为一个接近于1的值。考虑到山脊的起伏趋势可能沿着X轴方向或Y轴方向，Δl可由式（3.3-1）计算获得：

$$\Delta l = \max\{|x_i - x_j|, |y_i - y_j|\} \tag{3.3-1}$$

式中：x_i、x_j、y_i、y_j为三角形顶点的平面坐标，其中i和j不同时等于1、2、3。

仅利用三角形的距离进行判断，不能排除因人工地物造成的地面空洞处的三角形。山脊处通常存在坡度的剧烈变化，具体表现在山脊三角形与山脊两侧的三角形所在平面的夹角通常较大。这种特征可采用待判断的山脊处三角形与其邻域三角形所属平面的夹角表示。通常山脊的两侧应同时存在与山脊处三角形夹角较大的三角形，对邻域三角形两次搜索，当其邻域中存在至少2个三角形满足以下条件时，三角形将被判定为山脊三角形：

①邻域三角形与判定三角形所在平面的夹角大于阈值 θ；②邻域三角形的重心位于判定三角形所在平面以下；③符合条件的邻域三角形之间不存在公共点。

（2）增加山脊处种子点。山脊处难以被加密，主要是因为山脊处的三角形较为水平，三角形中的点与其所落在三角形形成的角度和距离难以通过阈值要求，因而山脊处难以被加密。若能够将位于三角形中最高的地面点（图 3.3-7 中绿色点）加入种子点并参与构网，则落在其中的点更加容易通过角度和距离阈值，从而被保留为地面点。

设计在山脊处三角形中选取两个潜在"最高"点，一个点是在三角形重心附近处选取，另一个点是在三角形中最高点附近处选取。为排除地物点干扰，计算 3 个种子点与其附近点的最大高程差，并取平均值。取在三角形中最高点和重心附近高程最低点为假设种子点，若最高点和重心附近最高点与该点的高差大于平均值，则确认该点为新增种子点。

3.4　GIS 地理信息数据高效分析技术

3.4.1　地形地貌基础数据分析

地形地貌测量在地质勘察与岩体稳定性评估等领域内具有非常关键的作用，精准的地形地貌测量结果对于地质勘察与岩体稳定性评估结果具有较高的保障作用。尤其是对于地形地貌较为复杂的地区，精确的测量结果可提升此类地区的评估准确性，为地形修复治理和实时监测等奠定科学基础。

地形地貌基础数据可通过项目业主、互联网、国内外相关机构、数据提供商收集，也可按需购买高清卫星影像、数字高程模型、区域地质资料等数据，地形地貌基础数据获取流程如图 3.4-1 所示。基础资料的收集与整理应用，可为工程项目全面采用数字化设计提供前期数据支撑。

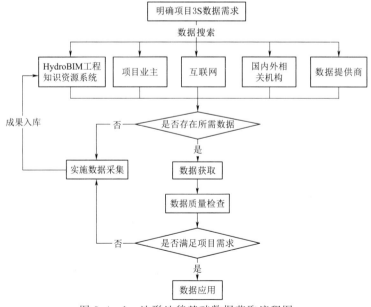

图 3.4-1　地形地貌基础数据获取流程图

3.4.1.1 地形地貌资料采集

网络上免费或廉价的地形数据网站很多，可获取多种精度、多种比例尺的高程数据或地形数据，常用资源网站见表 3.4－1，利用这些网站基本能获取到全球范围内（包括不易到达区域）较高精度地形数据、影像数据、矢量数据等 GIS 数据。如果通过免费方式无法下载或精度、范围无法满足要求，可以补充购买商业数据。数字高程模型（Digital Elevation Model，DEM）格网分辨率与地形图比例尺之间没有严格意义上的关系，但其大致关系见表 3.4－2。

表 3.4－1 免费或廉价地形数据网站

数据	精度	范围	说 明
GDEM	30m	全球	ASTER 卫星影像
SRTM	90m（3 弧秒）	全球	航天飞机干涉雷达成像
ETOPO1	1 弧分	全球	陆地和海洋水深
GMRT	100m	全球	陆地和海底地形
OpenTopography	多精度	分散	点云和地形
GeoSpatial	多精度	全球	地形、影像
国际科学数据服务平台	30m	全球	中国科学院计算机信息中心（可获取 30m GDEM）

表 3.4－2 数字高程模型（DEM）格网分辨率与地形图比例尺换算表

比例尺	1：500	1：1000	1：2000	1：5000	1：1 万	1：2.5 万	1：5 万
DEM 分辨率/m	0.5	1	2	2.5	5	10	25

在项目建议书阶段，根据数据范围大小以及要求精度可选择不同方式。项目规划方案主要采用 30m 精度的基础 DEM 地形数据，通过国际科学数据服务平台、美国的 CGIAR 空间信息联盟（The CGIAR Consortium Spatial Information，CGIAR－CSI）平台等进行获取，并通过地理信息 GIS 处理软件进行修正和加密处理，生成可供编辑和计算的矢量化数据，如图 3.4－2 所示。

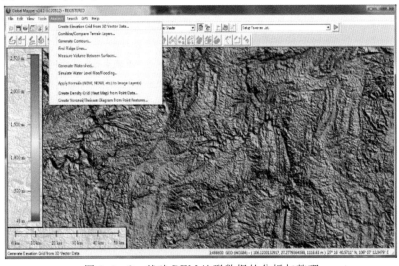

图 3.4－2 基础 DEM 地形数据的分析与整理

3.4.1.2　高精度影像解译

在各类基础设施工程的勘察设计过程中，航空影像作为重要的基础数据，能直观地反映现场情况，影像的现实性与及时性对于对勘察设计成果的合理有效性具有重要意义。传统的无人机航摄系统在采集数据的过程中需要根据现场情况，充分调研之后才确定航线、进行飞行作业。该方式耗时较长，不能满足快速数据采集的需求，通过研究无人机影像自动处理方法，在对各类基础设施工程区域采集影像之后，可以快速对航片进行处理，最终，快速获取高质量正射影像图。

高精度遥感技术通常理解为在特定飞行器上安装接收装置，收集地面各种地物地貌的电磁辐射信息，利用专业解译知识判断地质环境特征的一门技术。在基础设施工程的勘察设计建设过程中，卫星可及时捕捉灾害现场航空影像。通过研究各类地物的自动解译功能，在获取影像数据后，可自动解译范围内地表地物及地类信息并进行提取，最终成图为勘察设计工作提供支撑。

相较传统的外业采集点制作地形图方式提取的地形地貌特征，无人机成果蕴含的信息量大、空间精度高，可直接利用其 DEM、DOM 数据替代地形图数据进行分析计算。

（1）自动解译。高分辨率航摄影像数据包含光谱、形状、纹理等大量可提取特征，其中光谱特征指不同地物间各波段的光谱标准差等信息，形状特征一般能够通过对象的各种边界条件区分出不同规则形状的地物，纹理特征通过对象的灰度分布特性能更好地对目标地物进行识别。影像自动解译通过对高分辨率影像进行处理，利用其光谱、形状、纹理等特征，辅以坡度、坡向、DEM 数据信息等作为参考数据，并设置相应特征提取规则，对土地利用类型、植被覆盖程度、工程建筑物结构、水文水系等进行分类，并通过卷积神经网络进行图像识别，对分类出来的建筑物进行表面裂缝的提取。

1）影像分割。采用面向对象的土地利用类型、水系分类提取方法，结合工程特征和具体情况，将土地类型分为建筑物、水体、交通道路、植被、耕地等，在工程竣工和运行维护期间主要对工程建筑物进行分类提取。首要对数字正射影像进行多尺度影像分割，根据地物要素特征设置阈值，判断对象间的异质性并判断是否进行合并，以获取同质对象。

2）影像分类。将分割完成的影像进行分类，建立解译规则集，设置必要的分类特征，区别不同的参数阈值。为了使植被与水体能更好地区分开来，通过近红外和绿色波段加权以增强植被信息。

（2）自动解译精度评价。以影像自动解译成果为基准，采用基于对象的精度评价方法进行精度评价，得到混淆矩阵、总体精度和 Kappa 系数。

$$K = \frac{N \sum_{i=1}^{r} x_{ii} - \sum_{i=1}^{r}(x_{i+} + x_{+i})}{N^2 - \sum_{i=1}^{r}(x_{i+} + x_{+i})} \tag{3.4-1}$$

式中：N 为验证样本总数；r 为混淆矩阵总列数；x_{i+} 为第 i 行的总数；x_{+i} 为第 i 列的总数。

（3）解译结果校正。对自动解译成果进行进一步野外核查校正，自动解译整体流程如图 3.4-3 所示。采用虚拟现实（Virtual Reality，VR）技术代替传统的通过相机、

GNSS、指南针等进行核查的方式，解决了在野外条件复杂、工作人员移动速度慢、交通条件不便等情况下，工作人员的外业核查工作量明显加重的问题。无人机在研究区域布置一定数量控制点进行全景图拍摄，通过导航图上选择坐标控制点查看当地全景图进行解译结果的核查校正。

VR 技术的运用，充分利用了无人机数据成果，降低了野外成果核查校正的成本，极大地提高了解译结果核查校正效率。

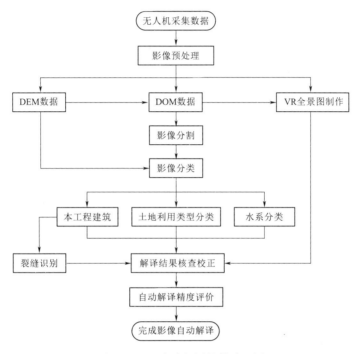

图 3.4-3　自动解译整体流程图

3.4.1.3　无人机航摄系统地形地貌指标快速采集

通过外业像片控制点布测，采用空三测量，进而获取区域内影像的外方位元素和后期内业测量所需要的控制点的坐标。之后进行影像的匹配与融合，根据影像重叠区域找出其相互之间的位置关系，并通过相应数学模型将影像变换到统一的坐标系下。影像匹配的方法有很多，根据匹配过程中利用的影像信息不同可以大致分为四类：基于坐标信息的方法、基于灰度信息的方法、基于变换域的方法和基于特征信息匹配的方法，其中基于特征信息匹配的方法是无人机航空摄影测量中影像匹配最常用的方法，该方法与其他三种方法相比，其在畸变、噪声和灰度变化等方面具有一定的抗变换性，并且拥有计算量小、效率高等优点。

通过对无人机获取到的地理信息进行自动解译，提取地物分类，结合高分辨率影像数据具有明显几何特征和纹理信息的优势，采用面向对象的遥感分类法进行地物识别，降低分类的不确定性，避免以像素为研究对象造成的分类结果碎片化和"椒盐现象"的产生。面向对象的分类法需对遥感影像数据进行分割处理，获取多个同质对象，再分析各个地物对象在光谱、形状、纹理等多种特征参量下的特异性，构建相应分类方法。同时利用无人机航摄影像生成 DEM 数据在 ArcGIS 中进行坡度坡向分析、剖面分析、进场道路运输和河流汇水线分析。

低空无人机航摄系统具有机动灵活、高效快速、精细准确、作业成本低的特点，在快速获取高分辨率影像方面具有明显优势。但是与常规摄影相比，无人机航摄系统摄区影像数量多、姿态稳定性较差，需要不断优化无人机数据采集、处理工作流程，数据采集过程中不断提高无人机航摄飞行的操控水平，数据处理中熟悉掌握各种处理软件功能，提高数据处理的精度和批量处理的效率。

利用无人机进行地形地貌图像数据采集与模型重构，其本身具有的特点为：①处于室外，采集相片时光线条件未知且无法人为控制；②表面的情况复杂，不具备规则纹理和规则轮廓；③此三维重构属于大范围大场景的重构。

结合各种三维重构方法的优势和不足，可以使用运动恢复结构（Structure From Motion，SFM）法进行三维重构，以较好地满足各方面的需求。

SFM 法是通过图像集中的同名点来估计静止场景中运动相机的相对参数，并使用相机参数和同名点间对极几何关系来恢复 3D 场景的一种方法。这个过程涉及 3D 几何（结构）和摄像机姿态（运动）的同时估计，因此称之为由运动恢复结构，也可以称为运动法的思想来源于人眼视觉的感知效应，当视角变化或者物体旋转造成影像变化时，人们才能感知到物体是三维的，这种人眼视觉的感知效应又称为因运动而引起的深度效应（Kinect Depth Effect），其基本原理是从不同的视角观察现实空间中的点以获得场景的深度信息。与人眼视觉相似，只不过 SFM 方法所观察的点是多幅图像中所匹配出的同名点，此外为获得精确的位置需要利用相机的投影矩阵来计算出匹配点的三维坐标。SFM 三维重构的基本流程如图 3.4 - 4 所示。

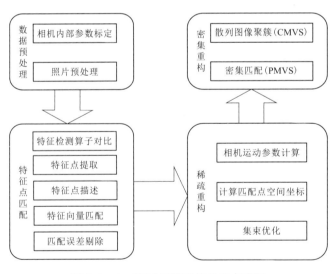

图 3.4 - 4　SFM 三维重构的基本流程

数据预处理：包含两方面内容，一是对拍摄照片的相机进行内部参数的标定，二是对拍摄的照片进行预处理。

特征点匹配：寻找用于重建的图像集中的同名点，便于后续的基础矩阵求解和三维坐标解算。

稀疏重构：对匹配出的特征点进行三维坐标的解算，生成稀疏的点云数据。

密集重构：需要利用稀疏重构的点云数据和原始图像进行密集重构，以增大点云密度。密集重构一般采用华盛顿大学 Furukawa 研发的 CMVS（Cluster Multi-view Stereo）和 PMVS（Patch-based Multi-view Stereo）来实现。

1. 数据预处理

（1）相机内部参数标定。相机内部参数标定是光学非接触三维测量的基础，也是根据二维图像获取三维信息过程中的关键步骤之一，无论是在摄影测量或者计算机视觉中，相机的标定结果都将直接影响后续测量和计算结果的精度。

相机的内部参数 $f/\mathrm{d}x$ 和 $f/\mathrm{d}y$ 分别代表焦距在 u 和 v 方向上所代表的像素数，即相机在两方向上的尺度因子，u_0 和 v_0 代表的是像主点在数字图像坐标系中的坐标；除了内部参数之外，由于相机在生产过程中不可避免地会发生加工和装配的误差，使得透镜往往不能满足物和像之间理想的线性关系，因此相机所拍摄出的图像实际上都会发生或多或少的畸变。相机标定就是确定相机的内部参数和畸变参数。

相机的标定方法总体上可被分为两种：一种是需要参照物的传统标定法；另一种是不需要参照物，只根据图像之间的对极几何关系推算出相机参数的自标定法。传统标定法所标定出的相机参数具有相当高的精度，但是不够灵活；自标定法精度较差，但是实用性较强。在实际应用中，如果所需的精度较高，而且相机参数不会发生变化的情况下，优先选择传统的标定方法。本书采集图像的相机使用定焦镜头，符合上述情况，因此采用传统的相机标定法，其中最经典的方法莫过于张正友教授提出的张式标定法。

张氏标定法已经作为工具箱或封装好的函数被广泛应用，并且具有很高的精度。张氏标定法所需要的标志物为棋盘格形状的平面标志板，如图 3.4-5（a）所示。精确的标定一般使用经过严密加工制作的工业标定板，但是工业标定板价格昂贵，因此实际应用中常将标定板打印出来并贴在具有平整表面的物体上，本书所使用的标定板如图 3.4-5（b）所示。

(a) 张氏标定法使用的平面标志板　　　　(b) 本书使用的标定板

图 3.4-5　标定板

使用 OpenCV 对相机进行标定的过程可分为如下几个步骤。

步骤一：固定好相机的位置，使之朝向标定板，调整好相机的分辨率等参数，使之与航摄时所使用的参数相同。

步骤二：用待标定的相机拍摄 10 幅以上不同视角下的棋盘图片。棋盘平面与成像平面之间的夹角控制在 45°以下，且棋盘的姿势与位置尽可能多样化，尽量不要出现互相平行的棋盘。

步骤三：使用 findchessboardcorners 函数寻找每幅图像上的角点，对成功找到所有角点的图像利用 cornersubpix 函数对初步提取的角点进行亚像素精确化，图 3.4-6 为某标定图片中所检测出的角点。

图 3.4-6　标定板角点检测

步骤四：将提取到的角点信息带入到 calibrate camera2 函数中进行相机的标定，该函数的第四个参数即输出的相机内部参数矩阵，第五个参数为相机的畸变参数，本书所使用相机最终的标定结果如下。

$$\text{相机内部参数矩阵：} \begin{bmatrix} 4042.361 & 0 & 2873.885 \\ 0 & 4045.746 & 1904.382 \\ 0 & 0 & 1 \end{bmatrix}$$

相机畸变参数：$\begin{bmatrix} -0.095385 & 0.078838 & 0.000597 & -0.002009 \end{bmatrix}$

标定出内部参数和畸变参数之后即可使用 undistort 函数进行图像畸变校正。

（2）图像预处理。相机在采集照片时，由于拍摄时的相对运动和光学系统失真等原因，难免会使照片受到噪声影响，为了保证后续特征点提取的准确性，需要对照片进行预处理。预处理的目的就是消除或减小噪声和增强原图像特征，一般先进行图像平滑，再进行图像增强。

图像平滑又称图像滤波，目的是消除图像在拍摄和传输等过程中所产生的噪声。常用的滤波算法有方框滤波、均值滤波、中值滤波、高斯滤波、双边滤波等，在实际应用中可根据拍摄的照片选择具体的平滑算法，本书使用通用性较强的中值滤波进行图像的平滑处理。

图像增强的目的是使图像进行适当的变化，突出其有用信息使之更加适合计算机处理的要求。图像增强可能是一个失真的过程，但是能够增强图像中的特征，丰富图像信息，从而加强图像判读和识别效果。图像增强的内涵非常广，凡是能够改变原始图像结构使之获得更好的应用效果的手段都可以被称为图像增强，用公式可表示为

$$g(u,v) = T[f(u,v)] \tag{3.4-2}$$

式中：$f(u, v)$ 为增强前的图像；$g(u.v)$ 为增强之后的图像；T 为图像增强的算法，定义域在图像的像素坐标域内。

常用的图像增强算法有直方图均匀化、对比度拉伸、Gamma 校正等。本节使用直方图均匀化算法进行图像增强。

在 OpenCV 中，中值滤波可使用 medianBlur 函数实现，直方图均匀化通过 equalizeHist 函数实现。

2. 特征点匹配

(1) 特征检测算子对比。特征点又称兴趣点（Interest Point）或者角点（Corner Point），每种检测方法对特征点都有着不同的定义，常用的特征点检测算子有以下几种。

1) Harris 算子：利用图像灰度来确定图像中的特征点的一种方法，Harris 算子所检测出的特征点一般灰度变化比较剧烈，比如背景较单调的孤点、曲率倒数为零的点和直线的交点等。

2) FAST（Features from Accelerated Segment Test）算子：同样是利用图像灰度来确定图像的特征点，若某点与其周围邻域内足够多的点灰度差较大，则该像素可能是角点。

3) MSER（MSER－Maximally Stable Extremal Regions）算子：MSER 的基本原理是对一幅灰度图像取阈值进行二值化处理，阈值在某范围内依次递增。在得到的所有二值图像中，某些连通区域的变化很小，则该区域称为最大稳定极值区域，进而通过椭圆拟合和区域转换将 MSER 区域转换为关键点。

4) SIFT（Scale Invariant Feature Transform）算子：SIFT 特征是图像的局部特征，在图像发生旋转、尺度缩放、亮度变化时，SIFT 特征的变化很小，在视角变化、仿射变换、噪声影响下也能保持一定程度的稳定。其基本原理是使用高斯卷积核来获得图像不同的尺度空间，在多尺度空间下寻找极值点。

除了上述 4 种主要的检测方法以外，还有基于各种方法组合或改进出的其他特征检测算子，如 ORB、GFTT、SURF 等，为了比较各类特征点检测算子的适用性，本节使用 OpenCV 开发了特征点检测对比工具，界面如图 3.4-7 所示。

由于对边进行三维重构的目的是计算其表面位移和变形，首先要选取识别出的特征点足够多且分布较为均匀的算子以保证精度，因此 SURF 或者 SIFT 算子较为合适。由于使用无人机进行拍摄不可避免会出现照片的尺度和旋转变化，且在拍摄过程中亮度不会发生太大变化，模糊度可以人为控制，因此本书最终选定 SIFT 算子进行特征检测。

(2) SIFT 特征点提取。SIFT 算法是一种基于不变量技术的特征检测方法，在不同的尺度空间上查找对图像旋转、平移、缩放、甚至仿射变换保持不变性的图像局部特征。

图 3.4-7 特征点检测对比工具界面

该特征提取算法由 David Lowe 在 2004 年正式提出，并逐渐成为应用最为广泛的特征提取方法，SIFT 的实现是基于图像不同尺度空间的，Lindeberg et al. 已证明高斯卷积核是实现尺度变换的唯一线性核。SIFT 算法的第一步就是使用高斯卷积函数对图像进行尺度变换，从而获得该图像在不同尺度空间下的表达序列，为了在尺度空间中高效地探测出稳定的关键点位置，可以用尺度空间的高斯差分（Difference of Gaussian，DoG）方程形式与图像进行卷积来求取极值。

（3）特征点描述及匹配。特征点提取完毕之后首先需要利用图像的局部特征为给每个点分配一个基准方向，以使得最终的特征点具备旋转不变性。设 (x, y) 为特征点某邻域内的像素，则其梯度模值 $m(x, y)$ 和方向 $e(x, y)$ 可以用下列公式计算：

$$m(x,y)=\sqrt{[L(x+1,y)-L(x-1,y)]^2+[L(x,y+1)-L(x,y-1)]^2}$$

$$(3.4-3)$$

$$e(x,y)=\tan^{-1}\left[\frac{L(x,y+1)-L(x,y-1)}{L(x+1,y)-L(x-1,y)}\right]$$

$$(3.4-4)$$

其中 L 中所使用的尺度即特征点所在空间的尺度。一般计算的范围是以特征点为中心的一个部域窗口内的像素点，部域窗口的大小取 3σ，σ 为特征点所在空间的尺度。然后使用直方图来统计邻域内所有像素在各方向的梯度分布，每 $10°$ 为直方图的一个柱，共 36 个柱。直方图的峰值表示该邻域像素梯度的主方向，也是该特征点的方向。

为了使特征点的描述符具有旋转不变性，需要先把图像坐标轴旋转到与主方向一致，使下一步所描述出的特征向量在相同的坐标系下，以便进行特征点匹配，如图 3.4-8 所示。

以关键点为中心，选取一个 8×8 的像素窗口，如图 3.4-9（a）所示，中央点代表特征点，每个方格代表特征点邻域内的一个像素，箭头代表对应像素的梯度矢量，圆代表高斯加权范围，离特征点越近的像素点在梯度直方图中的权重越大。进而在 4 个角各取 4×4 的像素，以 $45°$ 为一个柱绘制 8 个方向的梯度直方图，并将 16 个像素点在 8 个方向的值累加，从而形成一个种子点。如图 3.4-9（b）所示，特征点的描述符由其四周的 4 个种子点组成，每个种子点包含 8 个向量，这种使用特征点邻域中的像素梯度生成的描述符具有很强的抗噪性。实际应用中，为使描述符具有更强的唯一性，一般使用 4×4 共 16 个种子点进行描述，这样所生成的描述符是一个 128 维的特征向量。

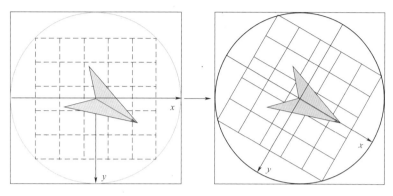

图 3.4 - 8　坐标轴旋转

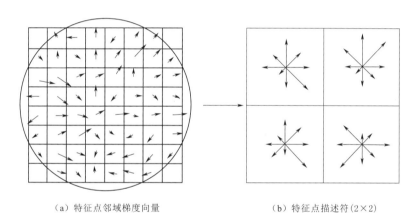

（a）特征点邻域梯度向量　　　　　　　（b）特征点描述符(2×2)

图 3.4 - 9　特征点描述符的生成

两幅图像之间的特征匹配是通过图像中特征点的描述符来进行的，由 FT 特征描述符可以看成是一个 128 维的向量，对于两个向量的匹配最直接的方法就是计算二者之间的欧氏距离，进而通过设定一个阈值来滤除掉距离较大的匹配。SIFT 算法中为了提高匹配效率，采用 $k-d$ 树结构来辅助匹配，例如需要找寻图 Ⅰ 和图 Ⅱ 中的同名点，可以先使用图 Ⅰ 中的描述符构成一个 $k-d$ 树，然后对图 Ⅱ 中的每一个特征点使用图 Ⅰ 所构建的 $k-d$ 树搜寻欧氏距离最小的点。

但是仅使用欧氏距离作为匹配的标准得到的结果并不精确，故需使用最邻近（Nearest Neighbor，NN）算法进行匹配，即使用 $k-d$ 树搜寻出最邻近点与次临近点，再通过三者间的距离比值来作为匹配过滤条件。例如，对于图 Ⅱ 的描述符 v_a，在图 Ⅰ 中找到与 v_a 最临近的向量 v_b、次临近向量 v_b'，如果三者之间满足 $\mathrm{dist}(v_a, v_b)/\mathrm{dist}(v_a, v_b') < T$，则认为 v_b 是 v_a 的匹配点，否则认为 v_a 在图 Ⅱ 中不存在匹配点，一般 T 的取值为 0.6。

（4）匹配误差剔除。鉴于图像色彩、线条的复杂性，初始匹配出的结果必然存在着很多匹配误差，特别是在图像中存在重复纹理或结构时误匹配现象会更明显，因此需要对初步的匹配结果进行误差剔除。为获得精确的匹配点，本书使用交叉过滤和基础矩阵两种方式进行误匹配的消除。

交叉过滤的思想很简单，如果第一幅图像的一个特征点和第二幅图像的一个特征点相匹配，则进行一个相反的检查，即将第二幅图像上的特征点与第一幅图像上相应特征点进行匹配，如果匹配成功，则认为这对匹配是正确的。对初步匹配的结果进行一次交叉过滤，能够剔除掉差别较大的误匹配点，接着对交叉过滤后的结果使用基础矩阵再进行一次误差滤除，基础矩阵可以过滤误匹配的原理主要依赖立体像对之间的极线约束关系。设 $d(m，l)$ 代表点 m 到直线 l 的距离，求得基础矩阵 $\boldsymbol{F}$ 之后，匹配点的对极距离可用式（3.4 - 5）计算：

$$d_i = d(m'_i, \boldsymbol{F}m_i) + d(m_i, \boldsymbol{F}^{\mathrm{T}}m'_i) \qquad (3.4-5)$$

式中：m'_i 和 m_i 为匹配点；$\boldsymbol{F}m_i$ 和 $\boldsymbol{F}^{\mathrm{T}}m'_i$ 分别为两点所确定的对极线；d_i 为对极距离。计算出所有匹配点的对极距离后，求其标准差 σ（注意此处不代表尺度因子）。根据拉依达准则，认为 99.74% 的对极距离应该分布在（0，3σ）的区间内，超出该区间的匹配认为是误匹配并剔除。

通过交叉过滤和基础矩阵过滤可以剔除掉绝大多数的误匹配点，得到高质量的匹配点对集合，为下一步稀疏重构奠定基础。图 3.4 - 10 为匹配误差剔除前后的对比（为保证表达清楚每幅图只提取了 100 个特征点）。

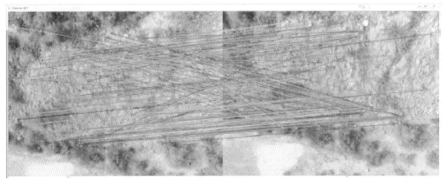

（a）误差剔除前

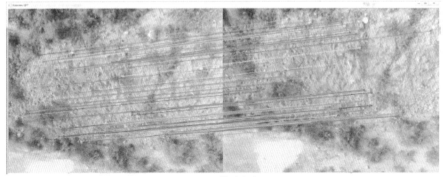

（b）误差剔除后

图 3.4 - 10　匹配误差剔除前后的对比

3. 稀疏重构

稀疏重构就是使用上一步中所匹配出的特征点对恢复该点在三维空间中的位置，其流程如图 3.4-11 所示。

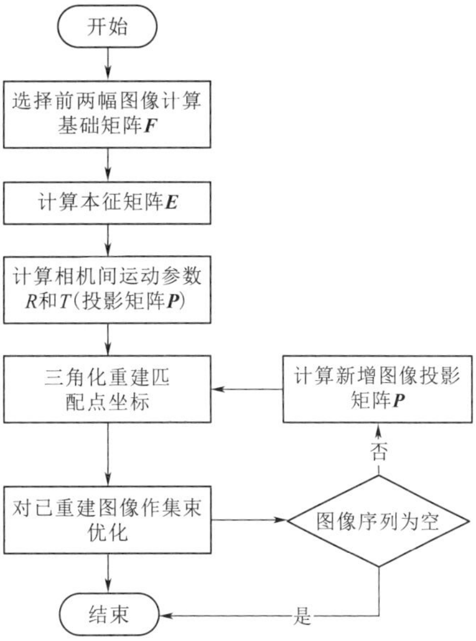

由图 3.4-11 可知，稀疏重构是一个增量式重建的过程，因此重构效果与加入照片的顺序有很大关系，一般在进行稀疏重建之前，最好对现有的图像资源进行排序或直接拍摄序列图像，以保证相邻图像之间的重叠度。本书使用无人机进行相片采集的方法，按照航线方向进行连续拍摄，保证相邻两张照片之间重叠度在 60% 以上，因此图像资源属于序列图像，不需要进行二次排序。

两幅图像的重构是多幅图像重构的基础，因此本小节将先阐述两幅图像间的重构方法，再将其扩展到多幅图像。

图 3.4-11 稀疏重构流程图

4. 密集重构

理论上来说，完成稀疏重构后整个 SFM 的流程就结束了，但稀疏重构只对特征比较明显的规则物体比较有效，对于不规则物体无法体现其细节特征，同时三维点数量过少也会使后续生成的模型误差过大，因此在稀疏重构完成之后，需要进行下一步的密集重构，用以增加点云密度，提高重构精度。根据前人研究成果，进行密集重构最典型的代表是由 Furukawa 提出的 PMVS 算法，其无论在重构的完整性还是在精度指标上几乎都是所有算法中最高的。此外，PMVS 对纹理不丰富区域、含有较大的空洞区域、具有有限视点的室外场景、或者细长的、高曲率部分，都能够输出精确的物体和场景模型，同时还具备比较好的表面细节。因此本书直接采用 PMVS 来进行密集重构，具体实现原理可参考相关文献，本书不做详细论述。

在进行密集重构前，需要用 CMVS 对图像进行聚簇分类。CMVS 可以使用 SFM 的输出作为输入，然后将输入图像分解为一组可管理大小的图像簇，并去除原始图像资源中的冗余图像，减少密集匹配的时间和空间代价，进而使用 PMVS 开始密集重构，主要过程分为以下三步。

（1）区域匹配：从具有较高可信度的稀疏匹配点及三维重建点开始（即 SFM 的输出结果），生成一系列稀疏面片和对应的图像区域，并重构稀疏面片。对这些初始的匹配多次重复以下两步骤。

（2）范围扩展：扩展初始的匹配点到邻近像素点，得到更加稠密的面片序列并重构之。

（3）滤波：借助视觉一致性原理去除位于观察物体表面前后的错误匹配。

图 3.4-12 为对某边坡进行稀疏重构及密集重构后的点云效果对比。

（a）稀疏重构　　　　　　　　　　　（b）密集重构

图 3.4－12　对某边坡进行稀疏重构及密集重构后的点云效果对比

3.4.2　地质数据分析

随着我国沿海和中部地区基础设施建设的不断完善，以及"一带一路"倡议的逐步实施，工程地质勘察专业面临的市场逐步向我国西部和国外转移，相对于沿海和中部地区，我国西部及国外地区普遍存在基础地质资料匮乏、野外安全风险多、交通不便、卫生及气候条件差等诸多问题，传统的工程地质勘察方法技术手段落后，效率低下，质量控制难度大，安全隐患较多，已不适应新的市场竞争形势。为保持市场竞争力，必须革新工程地质勘察工作技术手段，在尽量规避野外安全风险和保证成果质量的同时，提高工作效率，降低工作成本。

3.4.2.1　地质基础数据采集

（1）地震地质资料。

1）从国内外权威网站下载历史地震记录数据，可根据工程规模及不同行业需求任意选择搜索空间范围、时间范围及震级范围内的历史地震记录点，记录数据涵盖震中地理坐标、震级、震源深度、发震日期及时间等。

2）主要控震构造活动性遥感地质解译。下载适合构造解译光谱范围的高精度、多光谱遥感影像和地形数据，搭建三维场景和地质信息数据库，从火山、地震及热泉活跃程度，断裂与晚更新世地层交切关系，水系折转特征，第四系地貌排列特征及影像色调特征等诸多方面开展遥感地质解译工作，为主要控震构造的活动性判断提供间接或直接依据。

（2）区域地质资料。

1）网络收集。与国外大型地形地质资料网站合作收集地质资料，同时也可登录国外相关国家地质调查部门网站购买所需要的区域地质图及相关报告等。

2）涉外渠道收集。通过中国政府驻外机构、企业驻外机构等，协调当地关系，结合网络信息技术明确需求资料，通过属地化员工购买等。

（3）区域或国家地质行业协会（学会）定期公告或年鉴资料。积极参与国外不同区域或国家定期召开的地质行业协会（学会）会议，了解最新行业动态和要求，收集相关定期公告或年鉴资料。

3.4.2.2 工程地质测绘

（1）数字化填图。革新地质填图方法，本书介绍一种基于 Andriod 操作系统 GIS＋GNSS 集成技术的便携式智能设备工程地质测绘方法，包括地形地质资料信息技术检索；影像数据、地形数据、区域地质图、地震区划图、设计对象及三维地形 DEM 数据的坐标校正、配准并转换为 WGS84 直角坐标系或地理坐标系；创建二维及三维地质信息 GIS 数据库；野外在便携式智能平板电脑或手机中直接打开二维或三维地质信息库，启动 GNSS 系统，跟踪行走路线，实时报警导航；将野外自动记录地质点及地质界线的文本、照片、音频及视频信息，并存入 GIS 数据库；将野外收集到的地质点、线、面及体的坐标信息转换为工程坐标，经格式转换后存入 CAD 格式平面地质图上。

GIS 数据库更新后与后方专家同步互动，动态更新，完善野外工程地质测绘的质量控制程序；本工作方法基于 Andriod 操作系统，较 Windows 操作系统软件耗用内存少且设备携带方便；利用 GIS＋GNSS 集成技术，经坐标处理后野外定位精确；建立动态更新的二维及三维地质信息 GIS 数据库，地质记录信息包括了音频、视频信息，野外操作直观简单，内容层次清晰，无重复和遗漏，改变了以往单纯的文字＋照片信息的记录方式，提高了野外工作的效率，且通过与后方专家的同步沟通，填补了野外工程地质测绘系统性质量控制程序的空白，也可及时调整工作计划，野外地质测绘目标更明确。

（2）遥感地质解译。我国西部及国外工程大多受气候、交通及卫生等条件制约，区域地质及邻区的现场勘察工作面临诸多困难，很难完全达到规范要求，需要寻求勘察手段的革新和突破。相对而言，区域地质及邻区的地质勘察精度要求低于枢纽建筑物区，作为工程地质勘察的基本方法之一，虽然遥感地质解译技术曾在一定时间内因其精度有限而不受重视，但是随着计算机技术的进步，现有遥感地质解译手段的控制精度已大部分达到或基本达到区域及邻区工程地质勘察规范要求，主要表现在以下几个方面。

1）民用 GNSS 技术已能够实现 15m 精度保证率 95％以上，10m 精度保证率 80％以上，相应的比例尺为 1∶7500～1∶5000，对于工程地质条件不甚复杂的地段满足要求。

2）影像空间分辨率越来越高，卫星影像最高可达 0.37m，无人机影像可达厘米级；光谱覆盖范围越来越大，对地质解译至关重要的远红外波段已能够免费获取；影像拍摄手段也越来越丰富，涵盖卫星影像、航空影像、无人机影像，甚至雷达影像。

3）遥感地质解译手段已不仅仅局限于二维影像，还包括地形分析、地表水文分析等定量化手段，其精度已远远高于人工识别；此外，基于地质地理信息数据库下的三维仿真场景，对区域地质及工程区基本地质条件的解译效果也已大大提高，在现场条件不具备的情况下，很多成果完全可以直接应用。

4）本书提到的遥感地质解译技术（3S 技术）并非传统意义上的单纯的遥感地质解译，随着大数据时代的来临，RS 技术与 GNSS 技术和 GIS 技术的结合，将逐步演变为工程地质勘察工作的一个常规手段，地质工作的基本方法就是判译，当现场条件较好时，可以现场勘探及测绘成果为解译标志，在地质地理信息数据库上完成遥感地质解译，并结合地质理论开展定量空间分析工作，本身就是对水电工程地质勘察工作的一个有效补充和升华；当现场条件不具备时，3S 技术作为一个重要手段，可以宏观把握区域地质及工程区基本地质条件，初步评价水库区工程地质条件，能够在较大程度上规避重大工程地质风险。

3.4.2.3 工程地质分析

在完成资料收集后，搭建地质信息数据库，以三维仿真场景为基础搭建，三维仿真场景宜包括行政区划、地名、水系信息、交通信息、历史文物古迹信息、遥感影像、数字地形、工作范围及设计对象。地质信息数据库内容则涵盖了地形地貌、地层岩性、地质构造、物理地质现象、岩溶、水文地质条件、岩土体物理力学性参数、勘探试验成果、遥感地质解译成果、地质空间分析成果、地质附图及地质报告等信息。

本书革新的工程地质分析方法是指以地质信息数据库为基础，可快速完成地形分析、地表水系分析、剖面分析，从而为工程地质评价提供定量或半定量依据。

（1）地形分析。自动提取坡度、坡向，自动地貌分区，自动提取山谷线、山脊线，自动提取洼地，自动计算洼地深度、规模和体积等。

（2）地表水系分析。自动计算流域汇流量；自动提取地表水系分布，如工程区的冲沟分布、泥石流物源区的水系分布，自动量测活动断裂错断水系距离；自动提取水系网格等。

（3）剖面分析。自动、快速剖切地形剖面，结合三维地质建模技术自动提取地质信息，为工程地质条件研判快速提供基础信息。

（4）方量估算。不良地质体方量精确估算，天然建筑材料储量精确估算，开挖料储量精确估算。

3.4.2.4 地质灾害调查与评估

地质灾害调查与评估宜按照收集资料、遥感解译、现场调查、数据处理及成果提交的流程来开展。工作步骤如下。

（1）收集的资料应包括区域地质、地震资料、遥感影像、地形资料、评估区范围、主要评估对象等。

（2）遥感解译应结合影像及地形信息开展，必要时应搭建三维仿真场景，重点关注可疑崩塌、滑坡、泥石流及潜在不稳定斜坡等的分布、规模等。

（3）现场调查应以遥感地质解译成果为基础，并收集尽量多的解译标志，为后期数据处理提供依据。

（4）应结合现场地质调查成果及遥感解译成果开展数据处理工作，完成地质报告及相关图件的编制。

（5）地质灾害调查与评估成果提交应以报告和图件的形式为主，有条件的情况下可提供二维或三维地质信息数据库。

3.4.2.5 综合物探技术

由于各种物探方法的应用都依据一定的物理前提，且地质、地球物理条件和边界特征对测试成果具有较大的影响，使得这些方法技术存在着一定的条件性和局限性，加之大中型重点工程大多具有比较复杂的地质和工程问题，因此采用单一的物探方法一般难以查明或解决有关的地质和工程问题，此时应考虑综合物探进行施测，以提高物探成果的地质解释精度和成果分析质量，以满足工程勘察的需要。

按测试参数的不同，物探技术大致可分为以下几种探测方法：电法勘探、地震勘探、弹性波测试、物探测井、层析成像、地质雷达技术、放射性勘探、水声勘探、综合测井等。综合物探就是以这些物探方法为基础，把两种或两种以上的物探方法有效地组合起来，达到共同完成或解决某一地质或工程问题的目的，取得最佳的地质效果和社会、经济效益，满足工程建设的需要。下面对两种综合物探方法进行简要介绍。

（1）综合物探方法。由于工程物探方法种类较多，其应用是以目标地质体与周围介质的地球物理性质（如电性、磁性、密度、波速、温度、放射性等）差异为前提，选择正确的方法与技术进行勘察，一般都可以获得较好的效果。针对基础设施工程中不同类型的探测目标体，采用综合物探方法时，为了取得更好的勘探效果，应从以下两方面入手。

1）在勘察方法上采取综合物探方法。一般来说，探测目标体与围岩介质之间不同程度地存在着多种物性差异，因此，采取多种物探方法来获取多种异常，多角度、大信息量地综合分析和研究探测目标体的特征，在一定程度上可以减少物探的多解性，有助于提高物探资料解释成果的可靠性和准确率。

2）在方法的选择上进行优化组合。一般在地质资料已知的地段（点），根据不同的物性差异，选用不同的物探方法开展试验，然后将各自的试验成果进行对比分析，以查明问题、节约资金为原则，合理地选定有效的物探方法进行优化组合。这是保证勘察效果、提高经济效益的重要途径。

（2）物探多成果综合解释方法。多种物探成果综合解释方法主要分为两个阶段：第一阶段，分别利用各种方法的观测资料反演进行各物探方法的反演，得到各方法的反演解释成果；第二阶段，充分利用已经获得的遥感、钻孔、地质、勘探等已知资料，对各种方法的反演解释成果作比对分析研究，然后进行综合解释，得出一种比单一物探方法的反演解释成果更加合理的综合解释成果。在综合解释时，一般采用加权法。

3.4.3　水文气象数据分析

针对缺乏资料地区的水文气象数据计算，工程设计人员仅能依靠少量资料进行经验估算，难以适应新形势下国际化市场的要求，设计手段亟须改进。国外项目风险大，如何有效控制前期成本，在设计初期高效获得工程项目中所需的水文气象资料非常有意义。

3.4.3.1　水文气象数据采集

国外项目传统收集工作需要摸清工程区域及附近的资料，设计人员需亲自到现场才能完成资料收集工作。水文气象数据采集方法，首先通过调研工程地区所需的水文气象资料，所采用的水文气象资料绝大部分来自公共组织定期发布的数据，再结合收集到的部分实测资料，通过多种方法对不同来源、不同途径的水文气象资料进行分析、整合（如实测、卫星资料融合、资料精度评估、降雨等值线生成、资料插补延长），以供水文分析计算使用。

（1）文档图片资料收集。应收集各地区、国家水电开发状况信息、已有工程设计报告、主要河流公报、流域规划、国家和地区水资源公报、水资源评价、水资源分析统计图、降水等值线图、径流深等值线图、土壤侵蚀图、输沙模数图等文档图片资料，用于总体把握区域内水文气象条件。

（2）基础地理信息资料收集。应收集政区、城市、交通、水系、站网、地形、土壤植被类型等基础地理信息、水文要素信息等数据，用于 ArcGIS 中制作流域概况图及水文模型构建。引水工程前期勘察设计基础水文地理数据获取方式见表 3.4-3。

表 3.4-3　　　　　　　　引水工程前期勘察设计基础水文地理数据获取方式

数　据	机构类别	范围	说　　明
ISCGM	政府间公共机构	全球	分国政区、交通、水系、土壤、植被数据
NATURAL EARTH	民间机构	全球	全球政区、交通、水系数据
DIVAGIS	民间机构	全球	分国政区、交通、水系数据
HWSD SOIL	政府间公共机构	全球	1km 栅格土壤
全球 LUCC 数据集	公共机构	全球	GLC 2000 及 ESA GlobCover 1km 栅格植被覆盖

（3）水文气象资料收集。对于水文设计中重要的水文气象数据，如降水、蒸发、径流、洪水数据，应重点收集。收资方式可以通过联系相关机构，如通过各地区或国家的气象、水文、流域管理等机构进行购买。同时还应收集免费的全球共享数据，如降雨数据可以采用热带测雨任务卫星（Tropical Rainfall Measuring Mission，TRMM）、全球降水气候计划（Global Precipitation Climatology Project，GPCP）等大范围网格卫星数据，通过相关校正方法，可以应用于前期无资料地区工程规划设计中。部分水文站径流数据可从联合国粮农组织、世界气象组织申请免费使用。引水工程前期勘察设计水文气象数据网络获取方式见表 3.4-4。

表 3.4-4　　　　　　　　引水工程前期勘察设计水文气象数据网络获取方式

数据	机构类别	范围	说　　明
FAOCLIM	政府间公共机构	全球	实测多年月平均最高、最低气温，降水，辐射，相对湿度，风速数据
GRDC	政府间公共机构	全球	全球逐日实测水文数据
MRC	政府间公共机构	湄公河流域	湄公河流域实测水文气象数据（收费）
TRMM	公共机构	全球	格网逐日卫星降水数据
CSFR	公共机构	全球	格网日最高、最低气温，降水，辐射，相对湿度，风速数据
GPCP	公共机构	全球	格网逐日卫星降水数据

3.4.3.2　流域特征参数快速提取

传统流域特征参数提取是采用地形图进行流域特征值（面积、河长、流域平均高程）的量算。该方法存在两个问题，一是乏信息地区的地形图难以短时间收集到，且费用高；二是在地形图上进行流域面积、河长、流域平均高程量算工作相当费时，工作效率低下。通过实测 1∶5 万地形图与网上免费下载的 DEM 地形资料量算的流域特征值进行对照，认为网上免费下载的 DEM 地形资料基本能满足研究的精度要求，例如获取区流域河流水系及流域特征值可采用 Archydro 软件免费下载 DEM 地形资料，经过实际河网校正，采用批量处理技术一次性提取得到，耗时大大降低。在保证成果精度的同时，大大提高了工作效率，同时也节省了购买实测地形图的费用。

3.4.3.3　水文模型应用

传统水文计算方法，如水文比拟法、径流系数法、参数等值线图法，虽然可以获得设计断面多年平均流量成果，但很难获得径流的年内年际分配成果。本书将分布式水文模型应用到水文分析工作中，获得了精度满足设计要求的年内年际分配成果，为基础资料缺乏条件下的基础设施的规划设计提供新的设计理念和计算方法。

　　主要的技术体系如图 3.4 - 13 所示，首先收集水文、气象、地形、土壤、植被等基础资料，根据资料的情况确定研究区域；然后通过模拟建模、率定、验证等，建立研究模型；接着应用模型多种工况的模拟，研究总结模型的适用性、可靠性；最后将本次成果应用推广生产。

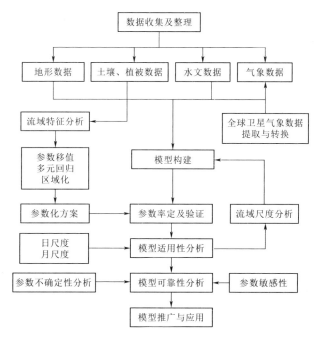

图 3.4 - 13　水文模型应用主要的技术体系图

第4章　数字化勘察设计技术

4.1　空间综合勘察设计技术

4.1.1　空间综合勘察设计技术简介

综合勘察是指以地质观察为基础，根据不同的地质条件，结合各种勘察技术的应用前提，合理地配合使用各种勘察技术，以建设工程的要求为依据，查明、分析、评价建设场地的地质、地理环境特征和岩土工程条件等基础数据与资料，并提出合理基础建议，编制建设工程勘察文件的活动。

水利水电工程勘察设计涉及测量、勘察、地质、土建、坝工、引水、厂房、施工等众多专业，其中工程地质专业在前期枢纽布置设计阶段和工程施工详图设计阶段都处于重要的基础位置。利用地形数据和勘探资料建立满足设计精度要求的三维地质模型，并输入设计平台供设计专业直接利用，是实现水利水电工程三维协同设计的必要条件之一。当前发展阶段，传统水利水电工程勘察技术仍存在各种勘察手段组合、优化配置程度相对较低等问题，主要体现在勘察过程中各专业之间常常缺乏高效沟通，导致各勘察成果互补性不佳、勘察工作重复或遗漏、勘察信息集成度和提炼度不高，这不仅会拖延勘察周期、增加勘察成本，还会使工程地质勘察精度和质量无法满足设计和施工需求。

空间综合勘察设计技术是指利用互联网、卫星等取得各专业基础数据，并利用专业软件对数据进行处理、转化，快速、高效、低成本地完成工程前期勘察设计工作的方法和技术，具有多元性和复杂性的特点，其相应技术的实施需要依照岩土工程的实际建设条件为前提。与传统的勘察技术相比，综合勘察技术施工的适应性更强，其结构勘察的真实性和准确性也更高。该技术可为工程前期勘察设计提供强有力的技术支撑，解决传统勘察设计技术无力解决的难题，提高生产效率与产品质量、降低生产成本，有效控制经营风险，规避政治、战争等问题。

4.1.2　空间综合勘察设计技术应用现状

随着 BIM 技术、空间定位技术、航空航天遥感、地理信息系统和互联网等现代信息技术的迅猛发展，人们能够快速、及时和连续不断地获得有关地球表层及其环境的大量几何与物理信息。空间信息科学的发展使 3S 技术能为工程地质勘察提供全新的观测手段、描述语言和思维工具，是当今较为热门的技术领域。将 GIS 应用到公路工程设计中，用以进行方案比选和踏勘路线设计，有效提升了现场踏勘效率；将 GIS 应用到铁路数字化选线设计系统中，实现三维虚拟场景浏览，在多个生产项目中推广验证。随着无人机技术的发展，其在工程勘察设计中的应用越来越广泛，无人机倾斜摄影技术应用于道路地形测绘，获取到拟建项目的地形三维实景，可直观了解到当时区域的状态，所需占地面积大小，房屋需拆迁情况，预算出占地所需花费金额等；采用激光雷达扫描技术和无人机倾斜摄影技术来获取高精度地面点云数据，再使之生成高精度数字地面模型和数字地形图，进行道路路线的勘察设计，有效提高道路路线设计的精度、效率和质量水平。

随着数据挖掘、物联网、3S 技术、BIM 技术等新技术出现，并且在多个行业得到普遍应用，同时伴随行业内整体结构调整的大背景，勘察设计行业对技术进步的重视与投入程度越来越高。将数据挖掘与 BIM 结合，可加强信息协作，支持分布式管理模式，扩展工程数据来源，挖掘海量数据中蕴藏的价值，支持智慧型决策，为工程勘察设计阶段服务。

4.1.3　空间综合勘察设计技术的应用价值

我国水利水电工程建设重点逐渐转向西南地区相关流域而国外水利水电市场主要集中在东南亚、非洲、南美洲等偏远落后的地区。国内偏远地区往往地形地貌复杂，经济文化相对落后，基础信息资料难以通过传统勘察设计技术手段获取，不少地段山高坡陡，人工难以到达，加之区域内民族众多、社会环境复杂，在这些地区进行工程建设，开展勘察、设计、施工十分困难。而国外水利水电项目更具特殊性，受政治、经济、语言等因素影响，野外工作局限较大，不可预见干扰因素多。因此，在这些地区进行水利水电工程建设，传统的勘察设计手段和方法显然无法满足新的应用形势，随着市场经济的发展，竞争日趋激烈，若无法有效降低成本，提高勘察设计效率及质量，将很难获得竞争优势。

综上所述，研究创新工作方法，开拓水利水电工程前期传统勘察设计技术，是当前新形势下的迫切发展需求。充分发挥互联网技术、3S 技术、BIM 技术优势，结合适当的实地信息资料收集，对工程所处的地理环境、基础设计、自然资源、人文景观、人口分布、社会和经济状态、地质条件、勘察资料等各种信息进行数字化采集与分析处理，不仅可以降低水利水电工程前期勘察设计成本，还可提高勘察设计的质量与效率。同时，推动水利水电工程开发建设的数字化转型，可为国内外水利可水电市场的开拓提供强有力的支撑。

4.1.4　空间综合勘察设计技术的应用前景

当前，新一轮科技革命和产业变革深入发展，全球数字化转型的大潮流势不可挡，信息化处于更加突出的战略位置。十九届五中全会进一步强调要加快数字化发展，推动传统产业高端化、智能化、绿色化，推动数字经济和实体经济深度融合。在《中华人民共和国国民经济和社会发展第十四个五年规划和 2035 年远景目标纲要》中，更是专门编制了"加快数字化发展，建设数字中国"专篇，强调打造数字经济新优势、加强关键数字技术应用、加快推进数字产业化、推进产业数字化转型、建设智慧城市、营造良好数字生态等。数字应用场景和数字生态，对工程勘察设计行业信息化、数字化建设提出了更高的要求。推进工程勘察设计行业加速迈向全面互联、跨界融合、集成创新，充分发挥信息化的引领和支撑作用，促进工程勘察设计行业数字化转型发展，创新工程服务模式，积极践行产业数字化和数字产业化，这是"十四五"期间的核心任务之一。

工程勘察设计行业经过十余年的高速增长之后，行业进入市场环境的深刻变革期，正在从高速增长阶段向高质量发展阶段转变。以 5G、特高压、城际高速铁路和城际轨道交通、大数据中心、人工智能、工业互联网等为代表的新型基础设施建设，将为工程勘察设计行业带来新的契机。智慧城市、智慧交通、智能制造等"新基建"的发展会进一步加速万物互联，带来新的场景创新，促进工程建设的全生命周期和全产业链的协同发展。

以云计算、大数据、物联网、人工智能、区块链等为代表的新一代信息技术的引入，及其于勘察设计业务的跨界融合将提高行业信息化应用水平，并在智能制造、智慧城市、绿色建筑等行业转型升级中发挥重要作用。立足新发展阶段、贯彻新发展理念、构建新发展格局，是新时代对工程勘察设计行业提出的新要求。如何把握信息化和数字化的发展机遇、推进数字化转型，是值得行业和企业思考和探索的课题。基础设施工程项目一般规模较大，其勘察设计工作涉及专业门类多，勘察设计阶段需要涉及数个到数十个专业领域的技术人员协同工作，因此，基于互联网的异地协同信息分析工作模式对大型工程建设的勘察设计和全面分析重要。可以说数字化勘察设计技术是一场在勘察设计领域内的技术革命，并且随着技术的不断发展及其与新技术的集成应用，对基础设施建设的技术进步与转型升级将产生不可估量的影响，也必将给行业内相关企业的发展带来巨大动力，为国家的经济建设和战略目标提供巨大而厚实的基础。

4.2 综合勘察三维地质建模技术

地质基础信息模型指用于表达各种地质对象的基础信息并具有空间几何特征、对象属性的曲面或实体的组合。

工程地质三维 BIM 模型的建立是土建工程开展设计工作的基础和前提，特别是对于水利水电枢纽工程来说，其对于地形特征、地质条件等多方面因素的依赖程度较高。三维地质模型可以实现空间地质信息的可视化应用，能有效支撑和集成后续专业的设计。

随着信息技术的高速发展，移动 GIS、网络通信、BIM 参数化建模等技术手段已逐步运用于工程地质的信息采集、数据处理、地质 BIM 建立、地质模型可视化分析等各个环节。建立三维地质模型首先要基于工程地质多源大数据的采集分析，这些数据包括：地理基础数据、遥感数据、无人机航拍矢量图、勘探资料、物探资料、各种试验数据等，搭建多源地质信息数据库。之后通过昆明院 GeoBIM 系统建立地质 BIM 模型载体，挂接空间属性等地理数据信息，实现了工程地质信息的有效管理，极大地提高了工程地质数据集成综合应用的信息化水平，提高了地质专业的 BIM 设计工作效率。为后续水工、机电等专业开展 BIM 设计提供强有力的地形地质数据基础和地质 BIM 模型场景，具有较好的理论意义及工程实际应用价值。

GeoBIM 系统提供了两种三维地质建模的途径：

（1）利用已完成核定的二维剖面数据建模。通常用于前期完成了大量勘探工作，并且具有丰富准确的二维数据资料的工程。

（2）利用工程勘察原始采集的数据建立三维地质模型。通常用于基础工作刚刚开始，需要在勘察过程中进行大量的数据分析及整理，通过不断积累来获得三维模型中间成果和最终成果的工程。

这两种途径在建立三维地质模型上的根本区别在于：前者是通过导入二维剖面形成空间剖面，后者是依据采集的数据经过人工解译直接完成空间剖面的编辑。三维地质 BIM 创建流程如图 4.2-1 所示。

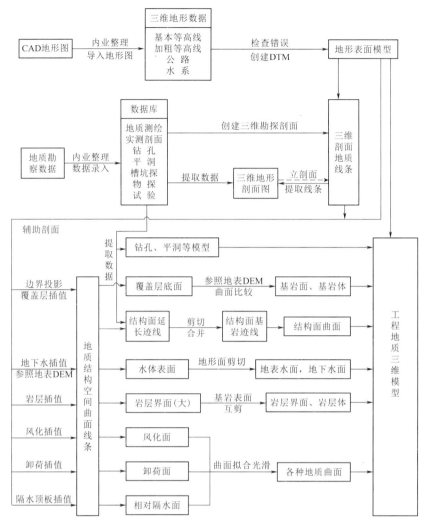

图 4.2-1　三维地质 BIM 创建流程

4.2.1　综合勘察信息数据及管理

4.2.1.1　一般规定

（1）地质信息数据应包括测绘、物探、勘探、试验、遥感、地质等相关资料。

（2）收集的地质信息数据在使用前应进行数据检查。

（3）地质信息数据宜通过数据库进行管理。

4.2.1.2　数据收集内容及格式

（1）地形数据宜采用数字高程模型（DEM）和数字正射影像图（DOM），数据精度应满足《三维地理信息模型生产规范》（CH/T 9016）要求，不同设计阶段地形精度应满足相关规范的要求，收集数据宜为三维地形模型的形式。

（2）物探数据宜包括地质体空间展布和物理属性的物探三维地质模型、成果数据表格等，收集的物探成果格式可根据表 4.2-1 来确定。

表 4.2-1　　　　　　　　　　　物 探 成 果 格 式 表

序号	探查目的	提交成果	文件格式	备注
1	水下冲积层厚度	覆盖层底界面	dxf	
2	堆积体厚度	堆积体底界面	dxf	
3	断层、破碎带、地层界面的分布及延伸	探测对象面模型	dxf	
4	地下水位	地下水位面	dxf	
5	岩土体的纵、横波速度	纵、横波速度	xls	按照固定格式
6	地下洞穴、裂隙、堤坝隐患等	探测对象面模型	dxf	
7	结构面产状	点坐标及结构面产状	xls	按照固定格式

（3）勘探数据宜包括钻孔、平洞、探坑、探槽、探井等勘探的类型、位置、施工时间、施工人员、收资人等，收集的数据宜为电子数据的形式包括表格、文字报告、展示图、柱状图等。收集的勘探成果格式可根据表 4.2-2 来确定。

表 4.2-2　　　　　　　　　　　勘 探 成 果 格 式 表

序号	勘探类型	提 交 成 果	文件格式	备注
1	钻孔	钻孔编号、方位角、倾角、孔口坐标、施工机组、开孔日期、终孔日期、钻机类型、终孔处理、钻孔结构等	xls	按照固定格式
2	平洞	平洞编号、洞口坐标、洞长、施工人员、开工日期、竣工日期	xls	按照固定格式
3	探坑	探坑编号、坑口坐标、开挖深度、开挖方量、施工人员、开工日期、竣工日期	xls	按照固定格式
4	探槽	探槽编号、探槽起点及终点坐标、开挖深度、开挖方量、施工人员、开工日期、竣工日期	xls	按照固定格式
5	探井	探井编号、井口坐标、方位角、倾角、底宽、边宽、深度、施工人员、开工日期、竣工日期	xls	按照固定格式

（4）试验资料宜包括试验类型、方法、位置及成果，收集的数据宜为表格和文字文件的形式。收集的试验成果格式可根据表 4.2-3 来确定。

表 4.2-3　　　　　　　　　　　试 验 成 果 格 式 表

序号	试验项目	提 交 成 果	文件格式	备注
1	水质简分析	水质简分析成果表	doc	
2	岩体原位试验	岩体各类原位试验成果表	doc	
3	岩石物理力学性质	物理力学性试验成果表	doc	
4	土体原位测试	土体各类原位测试成果图、成果表格	doc	
5	土体室内试验	土体各类室内测试成果图、成果表格	doc	

（5）遥感地质解译数据宜包括根据遥感解译得到的各类地质界线，收集的数据宜为空间数据的形式。收集的遥感地质解译成果格式可根据表 4.2-4 来确定。

表 4.2-4 　　　　　　　　　　　　　　遥感地质解译成果格式

序号	解释内容	提　交　成　果	文件格式	备注
1	地貌	地貌影像、地貌分区	tif、shp	
2	地层岩性	岩石的物性及类型、产出状态、不同岩性的分界、各种岩性的展布状况、变化及其相互关系	shp、doc	
3	地质构造	构造形迹的形态特征和尺度、构造形迹的性质和类型、构造要素的产状	shp、doc	
4	崩塌、滑坡、泥石流	大型或较大型崩滑体的数量、分布及其稳定性状态；泥石流沟的分区及其形成范围和形成条件	shp、doc	
5	岩溶地质	岩溶地貌现象，地下水分布和泉水分布	shp、doc	
6	水文地质	泉水或浅层地下水的分布，溶洞、地下暗河、断裂破碎带、古河道、渗透性较大的风化岩体等水库和大坝的可能渗漏通道	shp、doc	

（6）地质数据宜包括区域地质资料、工程区地质测绘成果及综合利用测绘、物探、勘探、试验、遥感地质解译等资料成果，数据精度应满足《岩土工程勘察规范》（GB 50021）要求，收集的数据宜为电子格式，包括图件、表格和文字报告等。

4.2.1.3　数据库建立

（1）地质数据入库应设置项目成员的操作权限。

（2）可采用表格或者固定的格式批量导入数据或直接手工录入数据库，数据的增、删、改操作应进行记录。

（3）可将各类线条数据、面模型等直接导入三维地质建模软件中得到空间数据。

（4）宜从数据的完整性、准确性、有效性方面对数据库中的数据进行检查。

（5）宜将各类数据以三维形式展现出来，通过查看数据的分布范围、分布形态、相互关系、各种分界点的变化趋势等进行初步的检查。

4.2.2　地质建模方法

4.2.2.1　一般规定

（1）模型按照表现形式可分为面模型和体模型，建模方法可分为面建模方法和体建模方法。

（2）用于地质专业的地质对象可视化和地质分析的模型宜为面模型，用于设计专业的设计用地质对象模型宜为体模型或面与体混合模型，用于地质对象模拟分析的模型宜为体模型。

4.2.2.2　面建模方法

（1）等厚线法，通过线条投影后进行下移的方法来绘制目标对象相对于地形的同等深度的线条，从而得到各种深度的线条，将线条拟合后得到目标对象。

（2）最大厚度法，使用边界及推测或揭露的最大厚度，考虑地形面起伏变化进行建模。

（3）孔洞补全法，对于有孔洞的面，在建模软件中在孔洞部位按照一定的趋势增加数据，拟合形成完整的面，通过面与面相互剪切得到所需的建模目标。

（4）层序补全法，钻孔揭露的地层出现缺失时，按照地层的上下关系在其出露的层序的上方层位增加界线点，对同一地层的界线点进行拟合后得到地层面，使用上一层位的地层面剪切下一层位地层面，得到下一层位地层面。

（5）单一产状法，直接使用产状数据、走向方向长度、倾向方向长度确定面模型。

（6）多产状成面法，在不同的部位生成对应产状的倾向线或小曲面，直接拟合线条、小曲面得到面模型。

（7）特征线拉伸法，使用2个或2个以上的平行截面边界线条进行放样得到面模型。

（8）特征线放样法，使用一个截面的边界线条沿着给定的一条线条进行放样得到面模型。

（9）控制剖面法，在模型的特征控制点及已有的勘探点部位绘制竖直或水平剖面，根据建模目标的空间变化特征绘制剖面线条，对剖面线条进行拟合得到面模型。

（10）错距法，针对断层或者相近两个面趋于平行时，可将对象的面模型全部或部分根据要求在交线的两侧做相反方向的错动。

（11）局部微调法，当拟合完成后的面存在局部的错误时，可对面进行局部的调整形成新的面对象。具体的实现方法包括下列两种。

1）剖面二维微调法，通过对剖面中线条的多点进行上提下压或单点精确上提下压交互修改三维面，该法适用于条带状交叉部位的修改。

2）三维点联动微调法，通过移动面上某一点的空间位置，在给定的范围内对面上的结点以线性插值的方法进行点的上提下压对面进行修改，该法适用于起伏较小的、数据较少的面的修改。

4.2.2.3 体建模方法

（1）拉伸成体法，将地质对象的面模型按照一定的方向进行拉伸而得到一个地质对象的实体。

（2）实体切割法，使用曲面对实体模型进行切割，从而得到具有不同属性的多个实体。

（3）填充灌注法，可以将多个面组合形成的封闭围合面填充成实体。

4.2.3 地质对象建模

（1）覆盖层建模。覆盖层底界面与地形紧密相关，且分布厚度、空间形态变化大。在建模过程中，应考虑覆盖层堆积形成的特点，根据底界面形态和已有数据特点来选择合适的建模方法。滑坡体的建模应关注滑坡的滑动面和滑坡中部堆积体厚度的变化情况；冲积层的建模应考虑河流的特点，采用横截面剖面分段控制建模的方法来进行建模。大部分覆盖层底面为不完整的曲面，而是带有空洞或零散分布的面模型。在建模过程中按照完整面的建模思路来进行建模，即在基岩出露部位考虑覆盖层底面在地形面之上，这样可以大大提高建模效率，同时为后期的模型剪切及模型转换带来极大的方便。

（2）地层及构造建模。地层及构造主要需要考虑产状来建模，在分界点上给出反映该处对象变化情况的倾向线或小范围面，综合各个分界点的特征线或特征面来拟合建模，既可以保证面模型通过现有分界点，又可反映地层和构造的整体变化特点。在地层被断层切断的情况下，断层两侧的地层有明显的位移，通过地层面与断层面的相互剪切及移动操作来确定地层面及断层面的相互空间关系。

（3）风化面、卸荷面等地质对象建模。风化面、卸荷面、水位面、构造面等地质对象的建模相较于地层及构造的建模，空间形态受地形起伏影响更大，形态特征更加不规则，需要更多的数据来控制面模型的空间形态。将现有的各类离散点通过剖面的方式来连接各类散点，一方面可以增加数据量，另一方面可以给定拟合的方向，提高拟合成目标面的效率。剖面线建模以现有的勘探点位为控制节点，形成三角化的剖面线网格控制研究区的建模，而对于缺少勘探数据的部位需增加适量的辅助剖面来进行数据加密。

（4）特殊对象建模。特殊对象主要考虑透镜体、溶洞及岩脉等地质对象，这类对象的空间形态特征非常不规则，建模方式也就不同于其他的地质对象。建模仅根据少量的揭露点，更多结合工程师的判断来进行建模，建模时尽量绘制对象的特征线条和特征截面，通过放样或直接拟合线条的方式来建模。

第5章 智能选线技术

5.1 引水工程线路选线技术概述

5.1.1 引水工程线路选线条件分析

（1）明渠选线条件分析。

1）输水总干渠线路尽可能靠近受水区。分水口水位应力求满足主要受水区、重要湖泊、水库及城市自流供水要求，以降低供水费用。

2）输水总干渠以隧洞布置为主。输水总干渠以隧洞布置为主，尽可能避开城市居住区、重要区域，避免与城市规划、交通设施、专项设施的干扰，并尽可能减少征地及移民补偿投资，难以避开时应提出可行的结构方案、施工方法和控制措施等。

3）输水线路尽量避让不良地形地质条件。在隧洞布置上尽量避开和减少高地下水位、高地应力和大范围的断层破碎带的地带，以及严重风化区、遇水易泥化、崩解、膨胀和溶蚀岩体等不良地质地带，选择地质构造简单、岩体完整稳定、岩石坚硬和上覆岩层适中的线路。

4）输水总干渠避开重要城镇及规划区。各线路方案布置时需重点考虑主城区现状及规划、产业新区规划、矿山和富矿地层和环境敏感区等重要制约因素。

5）充分利用现代先进技术。充分利用当今隧洞工程的施工技术，合理确定单洞长度，同时也考虑采取"长洞短打"方式将施工洞段长度控制在一定的范围内，过城区浅埋隧洞应通过比选研究，选取适宜的施工方法。

6）总干渠线路尽可能顺直。线路布置应力求线路短而直，以减少水头损失，降低造价；并且保证施工交通方便，工程投资省、环境影响小、运行管理方便。

（2）渡槽选线条件分析。流量、水位满足灌区规划需要；槽身长度短，基础、岸坡稳定，结构选型合理；进出口与渠道连接顺直通畅，避免填方接头；少占农田，交通方便，就地取材等。

进行渡槽选址，渠线及渡槽长度较短，地质条件较好，工程量最省；槽身起止点尽可能选在挖方渠道上；进出口水流通畅，运用管理方便；满足所选的槽跨结构和进出口建筑物的结构布置要求。

根据地形地质条件进行渡槽选型，当地形平坦、槽高不大时，宜采用梁式渡槽；窄深的山谷地形，当两岸地质条件较好，且有足够强度与稳定性时，宜建大跨度单跨拱式渡槽；地形、地质条件比较复杂时，应进行具体分析。

（3）隧洞选线条件分析。

1）隧洞的线路应尽量避开不利的地质构造、围岩可能不稳定及地下水位高、渗水量丰富的地段，以减少作用于衬砌上的围岩压力和外水压力。洞线要与岩层面、构造破碎带和节理面有较大的交角，在整体块状结构的岩体中，其夹角不宜小于45°。在高应力地区，应使洞线与最大水平地应力方向尽量一致，以减少隧洞的侧向围岩压力。

2）洞线在平面上应力求短直，这样既可减少工程费用，方便施工，且有良好的水流条件。若因地形、地质、枢纽布置等原因必须转弯时，应以曲线相连。对于低流速的隧洞，其曲率半径不宜小于5倍洞径或洞宽，转角不宜大于60°，弯道两端的直线段长度也不宜小于 5 倍洞径或洞宽。高流速的有压隧洞，即或转弯半径大于 5 倍洞径，由弯道引起的压力分布不均，有的达到弯道末端 10 倍洞径以外，甚至影响到出口，使得水流不对称，流速分布不均。因此，设置弯道时其转弯半径及转角最好通过试验确定。

3）进、出口位置合适。隧洞的进、出口在开挖过程中容易塌方且易受地震破坏，应选在覆盖层、风化层较浅，岩石比较坚固完整的地段，避开有严重的顺坡卸荷裂隙、滑坡或危岩地带。引水隧洞的进口应力求水流顺畅，避免在进口附近产生串通性或间歇性漩涡。出口位置应与调压室的布置相协调，有利于缩短压力管道的长度。

4）隧洞应有一定的埋藏深度，包括：洞顶覆盖厚度和傍山隧洞岸边一侧的岩体厚度，统称为围岩厚度。围岩厚度涉及开挖时的成洞条件，运行中在内、外水压力作用下围岩的稳定性，结构计算的边界条件和工程造价等。对于有压隧洞，当考虑弹性抗力时，围岩厚度应不小于 3 倍洞径。根据以往的工程经验，对于较坚硬完整的岩体，有压隧洞的最小围岩厚度应不小于洞顶压力水头，如不加衬砌，顶部和侧向的厚度应分别不小于 $1.0H$ 和 $1.5H$。一般洞身段围岩厚度较厚，但进、出口则较薄，为增大围岩厚度而将进、出口位置向内移动会增加明挖工程量，延长施工时间。一般情况下，进、出口顶部岩体厚度不宜小于 1 倍洞径或洞宽。

5）隧洞的纵坡，应根据运用要求、上下游衔接、施工和检修等因素综合分析比较以后确定。无压隧洞的纵坡应大于临界坡度。有压隧洞的纵坡主要取决于进、出口高程，要求全线洞顶在最不利的条件下保持不小于 2m 的压力水头。有压隧洞不宜采用平坡或反坡，因其不利于检修排水。为了便于施工期的运输及检修时排除积水，有轨运输的底坡一般为 3‰～5‰，但不应大于 10‰；无轨运输的坡度为 3‰～15‰，最大不宜超过 2‰。

6）对于长隧洞，选择洞线时还应该注意利用地形、地质条件，布置一些施工支洞、斜井、竖井，以便增加工作面，有利于改善施工条件，加快施工进度。

（4）暗涵选线条件分析。暗涵选线是关系到工程经济合理、输水安全和降低工程造价的关键，必须综合考虑地形、地质、施工条件、近期开发和远景规划及工程管理养护等问题。线路选择主要遵循以下原则：①在满足小流量自流输水的前提下，工程量最少，工程造价最低；②线路选择要保证输水建筑物安全及输水安全，有利于水质保护，防止水质污染；③尽量减少总干渠至分水口线路的长度。

（5）倒虹吸选线原则。为确保输水安全，尽量避免深挖方和高填方，尽量使水面线与地面持平；在保证安全输水的前提下，以线路最短，投资最省为目标，选线力求顺直，并选择地质条件相对较好的地段布置；尽量避开居民点、工矿企业、重点文物及军事设施；穿越公路和河流时，尽量与之正交，选择顺直、稳定的河段布置。

5.1.2 引水工程线路传统选线方法

传统的引水工程选线方法是选线人员通过搜集和分析工程区域内有关技术经济资料，在大比例尺地形图上选出几个可能的方案。在纸上定位之后，进行实地勘测，经过反复比较确定一个较为经济、合理的方案。传统的机助选线设计方法是设计人员在填绘有勘测信息的地形图上，参考其他文字、图表形式的勘测数据，通过人机交互方式拟定工程线路的位置，根据自身对勘测信息的判识和理解，以及对设计方案的技术、经济指标的评价，经反复修改，比选，最后确定一个最佳方案。这种选线方法在很大程度上取决于选线人员的实际经验和技术水平，且费时费力，很难满足现代科学选线的要求。

5.1.3　引水工程线路智能选线方法研究

现阶段用于选线的方法较为丰富，主要有层次分析法（Analytic Hierarchy Process，AHP）、网络分析法、GIS 适宜性分析法、灰色聚类模型、模糊数学模型、指标满意度算法、专家系统法等。这些方法在引水设施的规划选线中均有应用，各有特点，且理论都较为成熟。

其中，主流层次分析法属于多目标决策方法（Multi - Criteria Decision Making，MC-DM），它是现代化管理科学的重要内容，自 20 世纪 50 年代以来，单目标最优化方法（线性规划、非线性规划、动态规划等）的作用已经得到了世界的公认，但是，社会的发展和管理的实践已经证明实际生活中广泛存在的是多目标决策问题，"最优化原则"是一种理想的原则，而"满意化原则"则是一种现实的原则。

此外，随着地理信息系统学科的发展，基于 GIS 适宜性分析方法的选线也早已有了广泛的用途，它把地理位置和相关属性信息有机结合起来，根据实际需要准确、即时地输出给用户。用户借助其独有的空间分析功能和可视化表达可进行各种选线决策。地理信息系统的产生改变了传统的规划选线方式，利用其强大的空间分析能力使选线问题不再仅仅依靠经验。

5.1.3.1　层次分析法选线

1. 层次分析法原理

人们在进行社会、经济和科学管理领域问题的系统分析中，面临的常常是一个由相互关联、相互制约的众多因素构成的复杂而往往缺少定量数据的系统。层次分析法为这类问题的决策和排序提供了一种新的、简洁而实用的建模方法。它是美国运筹学家 T L Saaty 教授于 20 世纪 70 年代初期提出的一种简便、灵活而又实用的多准则决策方法。

假设一个复杂决策问题需要考虑 n 个因素，分别为 A_1、A_2、$A_3 \cdots A_n$，它们对于该问题的影响程度分别为 W_1、W_2、$W_3 \cdots W_n$，将它们的重要程度进行两两比较，则比值构成 $n \times n$ 矩阵 $\boldsymbol{A}$：

$$\boldsymbol{A} = \begin{bmatrix} w_1/w_1 & w_1/w_2 & \cdots & w_1/w_n \\ w_2/w_1 & w_2/w_2 & \cdots & w_2/w_n \\ \cdots & \cdots & \cdots & \cdots \\ w_n/w_1 & w_n/w_2 & \cdots & w_n/w_n \end{bmatrix} \tag{5.1-1}$$

将因素的重要性用向量表示，有

$$W = (w_1, w_2 \cdots w_n)^\mathrm{T} \tag{5.1-2}$$

乘以矩阵 $\boldsymbol{A}$，则可得到

$$\boldsymbol{AW} = \begin{bmatrix} w_1/w_1 & w_1/w_2 & \cdots & w_1/w_n \\ w_2/w_1 & w_2/w_2 & \cdots & w_2/w_n \\ \cdots & \cdots & \cdots & \cdots \\ w_n/w_1 & w_n/w_2 & \cdots & w_n/w_n \end{bmatrix} \times \begin{bmatrix} w_1 \\ w_2 \\ \cdots \\ w_n \end{bmatrix} = n\boldsymbol{W} \tag{5.1-3}$$

即：$(\mathbf{A} - n_i)\mathbf{W} = 0$

根据矩阵理论可知，$\mathbf{W}$ 为特征向量，n 为特征值。根据决策者对各影响因子的重要性相互比较，得出比值为已知矩阵 $\mathbf{A}$。

通过构造过程，可知 $\mathbf{A}$ 为正矩阵，假设 $\mathbf{A}$ 具有以下特点（记为 $a_{ij} = w_1/w_2$）：

$$a_{ij} = 1 (i = j) \tag{5.1-4}$$

$$a_{ij} = 1/a_{ji} (i、j = 1,2\cdots n) \tag{5.1-5}$$

$$a_{ij} = a_{ji} (i、j = 1,2\cdots n) \tag{5.1-6}$$

根据矩阵理论，该矩阵具有唯一非零的最大特征值 λ_{max}。如果给出的矩阵 $\mathbf{A}$ 具有以上特性，则认为该矩阵具有完全的一致性。但是当人们在对事物进行两两判断时，不可避免地会存在估计误差而不可能做到完全一致性，这直接导致了特征值和特征向量也产生偏差。由此，问题由求 $\mathbf{A}\mathbf{W} = n\mathbf{W}$，变成了求 $\overline{\mathbf{A}}\mathbf{W}' = \lambda'_{max}$，即是带有偏差的相对权重向量。

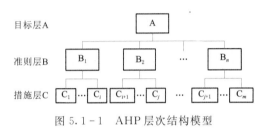

目标层A　准则层B　措施层C

图 5.1-1　AHP 层次结构模型

运用层次分析法解决问题时应该针对问题建立合适的层次结构模型（图 5.1-1）。构造层次模型是一个由"上"而"下"的思想。对于选线类问题，首先构造目标层 A 作为选线结果的目的期望；然后综合考虑制约该目标的多种复杂制约因素，即 AHP 层次分析法中的准则层，记为 B 层。理论上，准则层可以无限划分，即对于每一个准则，可以将其细分下去，以该准则作为目标继续进行分层考虑，这是层次分析法的核心思想。但在大多数问题中，准则层不宜太多，否则判断过于复杂，矩阵易出现严重的非一致性，影响问题的解决。

将准则分层次考虑之后，为了实现总目标 A，有若干可选的方案，记为 C 层，即措施层，每一个措施对于不同的准则有着不同程度的影响。

2. 构造判断矩阵

针对层次结构模型，可以构造目标层 A 和制约层 B 之间的判断矩阵，进行相互比较时，为了衡量两个比较因子之间的重要程度，引入 1～9 个数值标度，将思维判断过程量化。为了区别两种事物之间的重要性，AHP 方法中在区别各个因子重要性时，引入了思维量化表，在进行两两判断时用 1～9 的数值代替它们的重要性，介于以上之间的状态可以用中间数 2、4、6、8 来表示。具体见表 5.1-1。

表 5.1-1　　　　　　　　　　相对重要性等级表

标度 a_{ij}	意　义
1	因素 i 和因素 j 一样重要
3	因素 i 和因素 j 略为重要
5	因素 i 和因素 j 较为重要
7	因素 i 和因素 j 非常重要
9	因素 i 和因素 j 绝对重要
2、4、6、8	介于以上两者之间
倒数	若因素 i 与因素 j 的重要性之比为 a_{ij}，那么因素 j 与因素 i 重要性之比为 $a_{ji} = \dfrac{1}{a_{ij}}$

进行相对比较之后，即可得到相对权矩阵，例如准则层 **B** 相对于决策层 **A**，可得到判断矩阵：

$$
\begin{bmatrix}
A & B_1 & B_2 & B_3 & B_4 \\
B_1 & a_{11} & a_{12} & a_{13} & a_{14} \\
B_2 & a_{21} & a_{22} & a_{23} & a_{24} \\
B_3 & a_{31} & a_{32} & a_{33} & a_{34} \\
B_4 & a_{41} & a_{42} & a_{43} & a_{44}
\end{bmatrix}
\tag{5.1-7}
$$

其中，若 B_2 和 B_4 同样重要，则 $a_{24}=1$，$a_{42}=1/a_{24}=1$。

若 B_2 比 B_4 稍微重要，则 $a_{24}=3$，$a_{42}=1/a_{24}=1/3$。

3. 相对权重的计算

计算上述判断矩阵的特征向量即是对各因子间相对权重的计算。特征向量中的各元素代表本层各个影响因子对上层相关准则的权重，经过归一化处理可得到各元素之间的相对权重。

AHP方法中，最常用的相对权重计算方法是平方根法，利用该法计算判断矩阵特征向量 W：

$$
W_i = n\sqrt{\Pi_{j=1}^{n} a_{ij}}\,(i=1,2\cdots n)
\tag{5.1-8}
$$

$$
W = (W_1, W_2 \cdots W_n)^{\mathrm{T}}
\tag{5.1-9}
$$

将 W 归一化：

$$
\lambda \sum_{i=1}^{n} = \frac{(A\overline{W})_i}{n\,\overline{W}_{i\max}}\,(i=1,2\cdots n)
\tag{5.1-10}
$$

$\overline{W} = (\overline{W}_1, \overline{W}_2 \cdots \overline{W}_n)^{\mathrm{T}}$ 即是各因子的相对权重。

后面需要进行一致性检验，必须计算该判断矩阵的最大特征值 $\lambda_{\max}$：

$$
\lambda_{\max} = \lambda \sum_{i=1}^{n} \frac{(A\overline{W})_i}{n\,\overline{W}_{i\max}}\,(i=1,2\cdots n)
\tag{5.1-11}
$$

4. 单层一致性检验

判断矩阵 A 对应于最大特征值 $\lambda_{\max}$ 的特征向量 W，经归一化后即为同一层次相应因素对于上一层次某因素相对重要性的排序权值，这一过程称为层次单排序。

上述构造成对比较判断矩阵的办法虽能减少其他因素的干扰，较客观地反映出一对因子影响力的差别，但综合全部比较结果时，其中难免包含一定程度的非一致性。如果比较结果是前后完全一致的，则矩阵 A 的元素还应当满足：

$$
a_{ij}a_{jk} = a_{ik}\,(i,j,k=1,2\cdots n)
\tag{5.1-12}
$$

为了检验判断的合理性，需要检验构造出来的（正互反）判断矩阵 A 是否严重地非一致，以便确定是否接受 A。

根据矩阵知识，可知正互反矩阵 A 的最大特征根 $\lambda_{\max}$ 必为正实数，其对应特征向量的所有分量均为正实数。A 的其余特征值的模均严格小于 $\lambda_{\max}$。n 阶正互反矩阵 A 为一致矩阵当且仅当其最大特征根 $\lambda_{\max}$，且当正互反矩阵 A 非一致时，必有 $\lambda_{\max}$。

因此，可以由 $\lambda_{\max}$ 是否等于 n 来检验判断矩阵 A 是否为一致矩阵。由于特征根连续

地依赖于 a_{ij}，故 $\lambda_{\max}$ 比 n 大得越多，A 的非一致性程度也就越严重，$\lambda_{\max}$ 对应的标准化特征向量也就越不能真实地反映出 $\overline{W}=(\overline{W}_1,\overline{W}_2\cdots\overline{W}_n)^{\top}$ 在对因素 A 的影响中所占的比重。因此，对决策者提供的判断矩阵有必要做一次一致性检验，以决定是否能接受它。

对判断矩阵的一致性检验，首先计算一致性指标 CI：

$$CI=\frac{\lambda_{\max}}{n-1} \tag{5.1-13}$$

查找相应的平均随机一致性指标 RI。对 $n=1$，$2\cdots9$，Saaty 给出了 RI 的值，见表 5.1-2。

表 5.1-2　　　　　　　　　　　平均随机一致性指标取值表

n	1	2	3	4	5	6	7	8	9
RI	0	0	0.58	0.9	1.12	1.24	1.32	1.41	1.45

RI 的值是这样得到的：用随机方法构造 500 个样本矩阵，随机地从 $1\sim9$ 及其倒数中抽取数字构造正互反矩阵，求得最大特征根的平均值 $\lambda'_{\max}$，并定义

$$RI=\frac{\lambda'_{\max}}{n-1} \tag{5.1-14}$$

计算一致性比例 CR

$$CR=\frac{CI}{RI} \tag{5.1-15}$$

当 $CR<10$ 时，认为判断矩阵的一致性是可以接受的，否则应对判断矩阵作适当修正。

5. 总排序一致性检验

上面得到的是一组元素对其上一层中某元素的权重向量。最终目的是要得到各元素，特别是最低层中各方案对于目标的排序权重，从而进行方案选择。总排序权重要自上而下地将单准则下的权重进行合成。

设上一层次（A 层）包含 $A_1\cdots A_m$ 共 m 个因素，它们的层次总排序权重分别为 $a_1\cdots a_m$。又设其后的下一层次（B 层）包含 n 个因素 $B_1\cdots B_n$，它们关于 A_j 的层次单排序权重分别为 $b_{1j}\cdots b_{nj}$（当 B_i 与 A_j 无关联时，$b_{ij}=0$）。现求 B 层中各因素关于总目标的权重，即求 B 层各因素的层次总排序权重 $b_1\cdots b_n$，总层次排序计算见表 5.1-3，即 $b_i=\sum_{j=1}^{m}b_{ij}a_j(i=1\cdots n)$。

表 5.1-3　　　　　　　　　　　总层次排序计算表

层A／层B	A_1	A_2	$\cdots$	A_m	B 层总排序权值	层A／层B	A_1	A_2	$\cdots$	A_m	B 层总排序权值
	a_1	a_2	$\cdots$	a_m			a_1	a_2	$\cdots$	a_m	
B_1	b_{11}	b_{12}	$\cdots$	b_{1m}	$\sum_{j=1}^{m}b_{1j}a_j$	$\vdots$	$\vdots$	$\vdots$	$\vdots$	$\vdots$	$\vdots$
B_2	b_{21}	b_{22}	$\cdots$	b_{2m}	$\sum_{j=1}^{m}b_{2j}a_j$	B_n	b_{n1}	b_{n2}	$\cdots$	b_{nm}	$\sum_{j=1}^{m}b_{mj}a_j$

对层次总排序也需作一致性检验，检验仍像层次总排序那样由高层到低层逐层进行。这是因为虽然各层次均已经过层次单排序的一致性检验，各成对比较判断矩阵都已具有较

为满意的一致性。但当综合考察时，各层次的非一致性仍有可能积累起来，引起最终分析结果较严重的非一致性。

设 B 层中与 A_i 相关的因素的成对比较判断矩阵在单排序中经一致性检验，求得单排序一致性指标为 $CI(j)$，$(j=1\cdots m)$，相应的平均随机一致性指标为 $RI(j)$ $[CI(j)$、$RI(j)$ 已在层次单排序时求得]，则 B 层总排序随机一致性比例为

$$CR = \frac{\sum_{j=1}^{m} CI(j)a_j}{\sum_{j=1}^{m} RI(j)a_j} \tag{5.1-16}$$

当 $CR<0.10$ 时，认为层次总排序结果具有较满意的一致性，并接受该分析结果。

5.1.3.2 GIS 适宜性分析法选线

GIS 以地理模型方法为手段，具有空间分析、多要素综合分析和动态预测的能力，并能产生高层次的地理信息，应用 GIS 的核心就是应用其空间分析功能，由计算机程序模拟常规的和专门的地理分析方法，作用于空间数据，产生有用信息，完成人类难以完成的任务。计算机系统的支持使得 GIS 能快速、精确、综合地对复杂的地理信息系统进行空间定位和动态分析。

1. 空间分析

自从有地图以来，人们就始终在自觉或不自觉地进行着各种类型的空间分析。如在地图上测量地理要素之间的距离、方位、面积，乃至利用地图进行战术研究和战略决策等，都是人们利用地图进行空间分析的实例，而后者实质上已属较高层次上的空间分析。

空间分析对象是与决策支持有关的地理目标的空间信息及其形成机理，强调相关数字建模及模型的管理与应用。空间分析是在对地理空间中的目标进行形态结构定义与分类的基础上，对目标的空间关系和空间行为进行描述，为目标的空间查询和空间相关分析提供参考。

对于选线问题，空间分析侧重于考察空间实体对象的图形与属性的交互查询，要求从 GIS 目标之间的空间关系中获取派生的信息和新的知识。分析对象是地理目标的空间关系，分析内容由以下几个部分组成：缓冲区分析、坡度分析、重分类分析和叠置分析等。

2. 缓冲区分析

缓冲区（Buffer）是对一组或一类地图要素（点、线或面）按照设定的距离条件，围绕着组要素而形成具有一定范围的多边形实体，从而实现数据在二维空间扩展的信息分析方法。

从数学角度来看，缓冲区是给定空间对象或集合后获得的他们的邻域。邻域的大小由邻域的半径或缓冲区的建立的条件来决定。因此对于一个给定的对象 A，它的缓冲区可以定义为

$$p = \{x \mid d(x,A) \leqslant r\} \tag{5.1-17}$$

式中：d 为欧式距离，也可以是其他距离；r 为邻域半径或缓冲区建立的条件。

缓冲区建立的形态多种多样，主要依据缓冲区建立的条件来确定。常见的点缓冲区有圆形、三角形、矩形和环形等；线缓冲区有双侧对称、双侧不对称或者单侧缓冲区等形状；而缓冲区有内侧和外侧缓冲区，不同形态的缓冲区可满足不同的应用要求。点状要素、线状要素和面状要素的缓冲区示意图如图 5.1-2 所示。

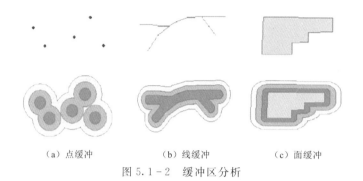

（a）点缓冲　　　　　　　（b）线缓冲　　　　　　（c）面缓冲

图 5.1-2　缓冲区分析

3. 坡度分析

高程、坡度和坡向是非常重要的因子，坡度对水土保持规划设计具有决定性的作用，是土地利用规划和治理措施配置首先要考虑的因素。

坡度分析（图 5.1-3）指的是在具有研究区域内高程信息的情况下，构建该区域 DEM（数字高程模型），根据区域内地形起伏情况，分析出该区域的坡度分布。

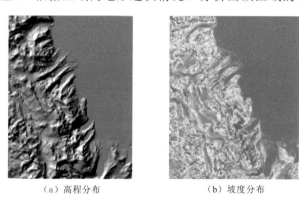

（a）高程分布　　　　　　　　　（b）坡度分布

图 5.1-3　坡度分析

4. 重分类分析

重分类分析（图 5.1-4）是空间分析中栅格数据所常用的一种处理，它是指对连续性的栅格数据，在原来栅格象元值的基础上，根据研究的不同需要，进行重新赋值的一种计算过程。

图 5.1-4　重分类分析

重分类一般包括 4 种基本分类形式：新值替代、旧值合并、重新分类和空值设置。

与传统地图相比较，地图上所负载的数据是经过专门分类和处理过的，而 GIS 存储的数据具有原始数据的性质，可以根据不同的需要对数据再进行分类与提取，这就称为再分类。再分类中常用的数学方法有主成分分析法、层次分析法、聚类分析、判别分析等，在 GIS 中还可通过地物属性信息，经过分类组织产生新地物特征。

5. 叠置分析

叠置分析（图 5.1-5），又称为空间叠合分析，是指在统一的空间参考条件下，将同一地区的多个地理对象图层叠合，以产生空间区域的多重属性特征，或建立地理对象之间的空间对应关联。叠置分析是地理信息系统中用来提取空间隐含信息的方法之一。它综合了原来两个或多个层面要素所具有的属性。叠置分析不仅生成了新的空间关系，而且还将输入的多个数据层的属性联系起来产生了新的属性关系。

叠置过程是对新要素属性按一定的数学模型进行计算分析，其中往往设计到逻辑交、逻辑并、逻辑差等的运算。根据操作形式的不同，叠置分析可以分为图层擦除、识别叠加、交际叠加、对称区别、图层合并和修正更新。

在选线研究过程中，叠置分析的过程是必不可少的，对各种图件的图例及专题图件的生成都需要用到叠置分析手段，此外，当处理好各个参与评价因子的图层之后，将分析好的各个因子图层进行叠加计算，即可得到场址适宜性评价区域分布。

6. 适宜性建模

模型是对现实世界的简化表达，是将系统的各个要素通过适当的筛选，用一定的表现规则描写出来的简明的映像。模型通常应具有如下特征：它是事物特征的描述、模仿或抽象，由与对象问题有关的因素构成，能表明这些有关因素之间的关系。在 GIS 中，模

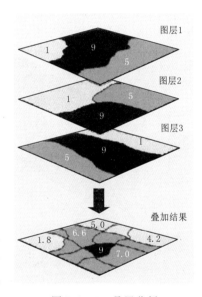

图 5.1-5　叠置分析

型尤其是数学模型起着十分重要的作用。由于模型是对客观世界中解决各种实际问题所依据的规律或过程的抽象或模拟，因此能有效地帮助人们从各种因素之间找出其因果关系或者联系，有利于问题的解决。模型的建立是数学或技术性的问题，但它必须以广泛、深入的专业研究为基础，专业研究的深入程度决定了所建模型的质量与效果，而模型的质量和数量又决定了系统中数据使用的频率和深度。大量模型的发展和应用，实际上集中和验证了该应用领域中许多专家的经验和知识，这无疑成为一般地理信息系统向专家系统发展的基础。

5.2　长距离引水工程智能选线技术

5.2.1　长距离引水工程选线模型

5.2.1.1　渡槽模型

1. 渡槽断面形式的比选和确定

渡槽槽身断面的类型有矩形渡槽、U 形渡槽、梯形渡槽、椭圆形渡槽和圆管形渡槽

等，而目前渡槽工程中常用的断面形式是矩形渡槽和 U 形渡槽。在渡槽设计初始阶段，需参照类似工程经验对槽身断面形式和结构形式进行初拟，或者根据结构的具体受力状况、工程费用、施工管理、使用年限等方面定性确定槽身的断面形式和结构形式。本次案例拟选用结构简单、轻型的带端肋箱形渡槽，并选用带拉杆的 U 形渡槽作为对比方案进行定量研究。

首先利用上述构件式三维建模方法建立两种断面形式的渡槽 BIM 三维模型，如图 5.2-1 所示。然后利用 CAD/CAE 集成技术，在一定条件下，对每种槽身断面形式分别建立三种壁厚的三维实体模型，并导入到大型通用有限元软件中，形成有限元离散模型。最后通过三维有限元静力分析，分别从强度和稳定两个方面进行比选，确定渡槽工程的最佳断面形式。经过分析与对比，最终选用箱形渡槽作为最终的断面形式（图 5.2-2）。

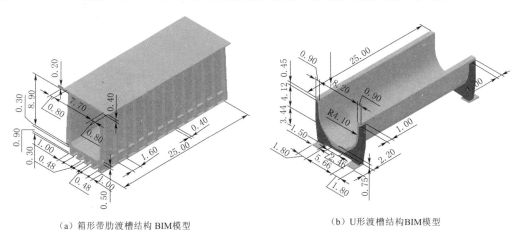

（a）箱形带肋渡槽结构 BIM 模型　　　　（b）U 形渡槽结构 BIM 模型

图 5.2-1　两种断面形式的渡槽 BIM 三维模型（单位：m）

2. 墩高与单跨长度的比选和确定

在研究 150m 墩高渡槽工程的可行性过程中，通过对渡槽抗滑和抗倾稳定性分析结果可知，在各个工况下，各个设计墩高方案的槽身抗滑稳定性、抗倾稳定性以及渡槽整体抗滑稳定性均满足规范要求。但是渡槽整体抗倾稳定性计算结果表明：在地震力的作用下（即偶然工况中），90m 以上墩高的渡槽整体抗倾稳定安全系数均小于规范规定的允许值

1.30，稳定性不满足要求；90m 墩高的渡槽其抗倾稳定安全系数满足规范要求，故对 90m 以下墩高渡槽进行 CAD/CAE 集成分析，深入研究其强度和稳定安全性。

3. 参数化配筋及结构尺寸的优化设计

（1）槽身结构优化设计。对于渡槽结构来说，设计的目的是在满足使用输水等使用要求前提下，既要满足所需强度与刚度等安全条件，又要尽可能地减小总体的重量或体积以节省投资，所以本次选择结构最小体积

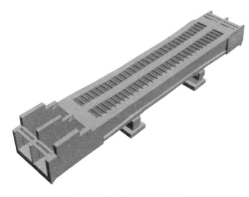

图 5.2-2　渡槽模型

为目标函数，预应力钢筋为常量。

（2）预应力钢筋优化设计。配筋的优化设计指的是在渡槽结构尺寸一定的情况下，通过改变配筋量而使钢筋用量既满足结构安全又最经济。以往的优化设计多集中在建筑物尺寸的优化，而对配筋优化则较少涉及。在理论上，通过 APDL 参数化语言建立预应力钢筋参数化模型，便可以将钢筋参数作为设计变量进行优化设计。

5.2.1.2 倒虹吸模型

倒虹吸结构设计包含水力学计算及结构设计，系统中包含了几种常见的倒虹吸结构形式：钢制倒虹吸管、预应力钢筒混凝土管（PCCP）、箱形倒虹吸管的设计。水力学设计主要是输入相关的断面设计参数和进出口参数，即可进行水力学的计算。系统还提供相关设计手册的查看等功能。钢制倒虹吸管的结构设计界面如图 5.2-3 所示，包含跨中截面管壁应力分析、支承环和旁管壁应力校核、加劲环和旁管壁应力校核、加劲环抗外压稳定校核和管壁抗外压稳定校核等功能。

图 5.2-3　倒虹吸管模型图

5.2.1.3 引水隧洞模型

隧洞模型编码：信息是隧洞模型建立的基础，围绕隧洞施工过程，从信息的采集、处理、分析、应用等环节入手，建立标准化和可视化的数据信息模型，目的是创建便于流转和推广的数据库。因此，隧洞模型建立的基础和关键在于开发标准的隧洞构件资源库和族库，而资源库的基础又是隧洞构件的标准化编码。隧洞模型构件命名应满足隧洞结构特征，构件编码应具有唯一识别性。

针对隧洞的不同构件进行编码，在隧洞建模、数据分析等不同的软件平台进行应用，可以依据编码的唯一性对构件进行精确定位。在建模阶段，将构件编码写入模型属性中并将其导入到 BIM 管理平台，从而实现模型与数据的关联。图形单元基于其族库创建，根据族的尺寸、形状、材料等参数，并通过族编辑器设计创建族元，建立企业自身族库。隧洞构件（图 5.2-4）的编码可以通过族编辑器进行添加关联，但隧洞构件数量巨大，手动关联工程量大

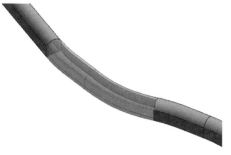

图 5.2-4　隧洞模型图

且效率低，水电站泄洪隧洞工程利用可视化编程软件进行批量添加，通过程序编程将创建的族放置到项目中，并自定义构件的属性，实现 BIM 模型的参数化。参数化信息主要包括模型空间位置的参数化、模型尺寸的参数化、模型搭接逻辑关系的参数化和模型材料的参数化。隧洞构件信息可以通过预先创建的 Excel 表格进行批量导入，创建模型的同时添加构件属性。

5.2.2　三维 GIS 引水工程智能选线平台

传统选线方法存在不能够直接对地理信息进行识别、分析和利用等缺点，而 GIS 拥有的对地理信息快速的获取方法、科学的表达模式和强大的空间检索分析能力，为智能选线投入使用提供了技术支持。因此，利用 GIS 技术手段进行智能选线是实现快速化、流程化、智能化选线的必要条件，可极大地丰富目前选线设计的理论与方法，对长距离引水工程线路的选择具有重要意义。

三维 GIS 选线辅助平台的建立主要涉及多源数据融合、线路评价模型和智能选线综合集成应用三方面主要内容。

5.2.2.1　长距离引水工程线位海量多源数据融合技术

与传统图纸选线方法相比，智能选线系统中所有的海源信息需通过卫星遥感影像解译、低空无人机航摄系统、三维激光扫描技术、数字三维全景、综合物探集成技术和三维地质建模技术获得。收集到的多源数据在三维地形、地质场景中展示并进行融合与预处理，整合到三维 GIS 系统中。

5.2.2.2　长距离引水工程线位选择综合指标体系及综合评价模型

引水工程一般线路长、地形地质及外部条件极为复杂，智能选线中需要考虑的因素众多，各种因素对选线的影响程度大小不同，如何衡量不同因素对引水选线的重要性及影响量对于合理选择线路是至关重要的平台拟应用相关的评价体系，对各类因子建立层次关系综合分析各类因素的相关重要程度，来构建评价指标体系，再依据指标体系，围绕引水工程线路选线评价总目标，构造引水工程智能选线评价模型。

5.2.2.3　长距离引水工程智能选线综合集成应用

引水工程智能选线评价模型以可能布线范围作为研究对象，利用模型进行相应的分析成图，得到引水工程线路适宜性分布成果，最终将成果线化，形成引水工程线路的推荐路线。

在完成智能选线方案后，将相应的引水建筑物模型放置于 GIS 场景中进行展示，再次利用三维 GIS 的展示功能，完成线路剖面图、相关设计图的绘制等功能，统计引水工程线路建筑物特性、施工方式及相应的工程量等信息，并在三维 GIS 场景中进行查询、统计、分析与展示，以便于对设计产品进行评估和汇报。

图 5.2-5 所示为三维 GIS 智能选线平台的技术路线，在满足技术规范、输水要求等因素约束的条件下明确引水工程线路选线中需要考虑的选线原则和制约因素，从选线区域着手，由面到带，由带到线：由线到段、由段到点，逐步细化、逐步深化和逐步接近目标函数最优解。首先，对引水工程中引水工程线路的选择进行分析，并引入层次分析法，采用定性、定量指标对各个制约因子及原则进行评定，对各个因子之间的相对重要程度进行

量化。其次，利用 GIS 地理信息系统的空间数据分析功能，对指标相关的各类基础地理信息数据进行分析，提取出与选线相关的空间信息，并结合相应的量化指标构建长距离引水工程线路。

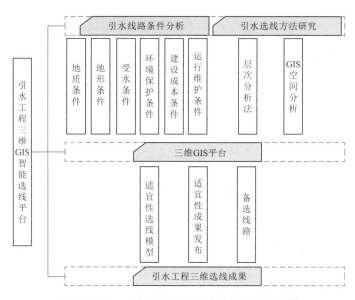

图 5.2-5　三维 GIS 智能选线平台的技术路线

5.2.2.4　三维 GIS 智能选线平台的运用

智能选线平台通过对各类选线因子进行分析，利用层次分析法和三维 GIS 系统构建了选线模型，解决了以往靠人工经验为主的选线方式。根据拟选路线建立建筑物 BIM 模型，并将 BIM 模型展示在三维场景中，快速计算相关的工程量，对工程建设投资控制具有重要意义。三维 GIS 智能选线平台（图 5.2-6）包含线路比选工程量统计、交叉建筑物统计线路三维展示等功能。

图 5.2-6　长距离引水工程三维 GIS 智能选线平台

三维 GIS 智能选线平台基于数字正射影像数据、数字高程模型数据、卫星影像数据、三维建筑信息模型数据及其他矢量栅格数据，结合计算机图形与图像处理技术、数据库技术、三维可视化技术与虚拟现实技术，展现选线结果路线及相应的引水构筑物在实际环境下的真实情况，把所有工程对象都置于一个虚拟的三维世界中，实现海量模型数据在三维场景下的实时漫游。考虑选线适宜性，在众多成果方案的基础上，得到不同的拟选线路（图 5.2 - 7）。

图 5.2 - 7　拟选线路图

选线结果可以在三维场景中对拟选线路进行优化、对比，在三维地形上模拟线路走向与构筑物布置，进行全景化的三维漫游与测量操作，方便选线工程师进行局部线路优化调整，从而提高了选线精度和效率。选线平台以高集成度、高可靠性和高易用性为设计原则，为用户提供智能选线工具箱。用户在进行新线路规划时，能够实时显示桩号、桩累距、路线纵断面高程、转角角度等信息，能对现有线路进行拓展延伸，并进行其他如添加、删除、修改、连接、查询等操作（图 5.2 - 8）。

图 5.2 - 8　三维线路浏览图

5.2.3　引水工程 BIM＋GIS 集成选线技术

5.2.3.1　BIM 与 GIS 优势分析

地理信息系统作为管理世界的重要工具，特别是对于宏观层面的管理具有得天独厚的优势，而三维 CAD 更加侧重于微观层面的精细化设计，近几年地理信息系统领域三维热潮也正在兴起，随着在各行业的纵深应用，三维 GIS 在日益增长的三维空间信息需求的牵引和蓬勃发展的现代新兴技术的驱动下得到了稳步的发展，各种大型工程设施的形式和结构日趋复杂多样，大型工程的三维可视化设计、建造及公务管理对三维模型的准确和高效的表达提出了越来越高的要求。三维 GIS 基于空间数据库技术，面向从微观到宏观的海量三维地理空间数据，侧重于大范围、宏观的数据管理和可视化分析与应用，强调地上、地下和室内、室外完整三维空间实体的集成表示。尽管干涉雷达测量技术、摄影测量和激光扫描技术等新一代测量技术，可以获取高精度的地形表面模型，但是对复杂几何体，依然很难快速获取到大范围、高精度、多细节层次的几何体。

在复杂三维造型方面，GIS 自身能力有限，需以 BIM 技术为依托，获取精细三维模型，同时，随着信息技术的发展，各领域间的协同合作已经成为发展趋势，而协同的核心则是数据共享。近几年，BIM 由于其精细程度高、特征参数化、语义信息丰富、全生命周期的数字化管理等特点，在国内外建筑领域得到了大力推广和应用，已经成为了当下该领域的主要标准。由于三维设计成果 BIM 模型精细程度高，导致模型数据量大，但随着信息技术的发展，模型体量对 BIM 应用的制约越来越小，BIM 技术已成为规划、设计和施工领域的主要技术发展趋势，应用案例越来越多。

BIM 模型为工程建设管理的基本对象，通过 BIM 模型可实现建设各参与方协同、信息共享和决策支持，且 BIM 技术从规划设计应用到建设施工，可实现工程信息的无缝连接、工程知识的无损融合。

5.2.3.2 引水工程中 BIM 与 GIS 的融合

由于三维模型精细化程度高、语义信息丰富、支持工程项目全生命周期的信息集成与共享，目前已被工程领域大力推广与应用。BIM 在引水工程建设各个阶段具有很高的应用价值。在规划设计阶段，BIM 参数模型可以进行空间协调，消除工程设计各专业间设计碰撞与冲突，大大缩短了设计时间且减少了设计错误与漏洞。在招标采购阶段，招标方根据 BIM 模型准确编制工程量清单，以达到工程量统计完整、快速、精确，有效地避免错算、漏项等情况的发生，最大限度地减少施工阶段因工程量问题而引起的纠纷。在工程建设阶段，施工进度计划与 BIM 模型相关联，以动态的三维模式模拟整个施工过程，及时发现潜在问题和优化施工方案。BIM 作为工程建设项目的共享知识资源库，为工程建设项目的规划、设计、施工、运营、拆除各阶段的所有决策过程提供可靠的依据；在工程不同阶段，政府、业主、设计方、监理方、施工方等项目参与方都可以通过在 BIM 中新增、删除、编辑和查询信息，实现项目信息的共享和协同。

GIS 又可称为地理空间数据（几何实体与地球表面位置相关的各种数据）专业管理信息系统。GIS 系统能够对地理空间数据执行获取、存储、处理、传输等一系列操作，产生高层次的地理信息。同时 GIS 可以完成对大场景地形渲染及空间数据分析，具有强大三维功能和空间分析能力，目前 GIS 相关软件已得到各行业广泛应用。GIS 平台具有海量地理信息空间可视化的功能，为引水工程空间分析与选测、选线设计提供辅助。同时三维 GIS 可视化场景整合施工场地、业主营地、移民安置点和料场等相关工程设施，为工程施工总布置提供直观信息支持。

5.2.3.3　BIM 与 GIS 集成技术

1. GIS 与 BIM 数据集成关键技术

3D GIS 与 BIM 数据集成主要针对目前国际上比较著名的，在国内使用较多且能输出 IFC 标准文件的 BIM 软件 Autodesk、Bentley、CATIA 生产的 BIM 数据与 3D GIS 的通用信息模型 CityGML 之间的集成进行研究。两者集成的目标是实现数据流在规划、设计、施工、运维、退役等全生命期中的顺畅流转和价值最大化的应用，这其中涉及的核心就是 3D GIS 与 BIM 数据的互融互通，在数据集成过程中涉及的关键技术主要包括 3D GIS 与 BIM 数据格式转换、模型材质与属性语义信息映射、BIM 模型轻量化和坐标转换等。3D GIS 与 BIM 的数据集成是实现两者集成应用的前提和基础，两者数据集成包括几何数据和属性信息的集成，其中属性信息包括模型本身属性（如模型尺寸、材质、纹理、颜色等）和过程属性信息，集成的价值在于数据信息是否能自由提取和利用，避免不同的数据格式种类和标准阻碍信息的共享。通过深入分析两者在数据上的通用标准，利用标准间的扩展和映射，实现两者模型几何数据和属性信息的融合，并基于 3D GIS 与 BIM 集成应用的目的，制定 BIM 的轻量化方法。从模型数据和过程信息集成，以及 BIM 轻量化两个方面进行综合考虑，最终实现 3D GIS 与 BIM 的数据集成。首先，将 Autodesk、Bentley、CATIA 生成的 BIM 数据输出为 IFC 标准的模型数据，其中，针对 CATIA 中的基础设施模型，根据自定义的基于 IFC 的基础设施扩展标准进行输出；然后，将 BIM 中的过程信息，于 COBie 标准中定义的各属性进行数字化，得出 IFC 标准格式，根据设计的过程信息数据库进行入库。利用提出和设计的目标驱动过程信息筛选方法、几何模型形状化简方法、模型参数化表达方法分别对 BIM 模型数据进行几何形状和过程信息的轻量化；最后，利用构建的 IFC 与 CityGML 语义映射库，材质映射库，以及 IFC 中扫描体和实体几何在 CityGML 中的表达方法，实现轻量化后 IFC 标准的 BIM 数据和 CityGML 标准的 GIS 模型数据的融合。

2. GIS 与 BIM 功能集成关键技术

BIM 通过建立信息流模型的方式减少信息在建筑各阶段传递过程中的流失，如何在与 3D GIS 集成过程中，结合两者的信息可视化和管理功能，对 BIM 各阶段的信息和 3D GIS 外部地理环境空间信息进行统一的存储管理，从而实现三维场景的宏观微观、室内室外、地上地下一体化无缝漫游，以及信息的全生命期和空间管理，是实现 3D GIS 与 BIM 功能集成的关键。3D GIS 与 BIM 功能集成主要包括两个方面的内容，即可视化功能集成和数据管理功能集成。其中可视化功能集成涉及的关键技术包括 BIM 模型与 3D GIS 地形的精确匹配技术、BIM 数据 LOD 构建技术、支持海量空间数据的三维碰撞漫游技术；数据管理功能集成涉及的关键技术包括 BIM 全生命期过程属性信息的数据库结构定义，以及几何模型、模型语义、拓扑、外观和过程属性等的关联。

3. GIS 与 BIM 集成应用关键技术

GIS 与 BIM 数据集成和功能集成过程中涉及的关键技术内容见表 5.2-1。GIS 与 BIM 集成应用基于数据和功能集成，在实际工程项目中结合应用需求，可辅助工程全生命期规划阶段中规划选址、方案对比、场景可视化、红线分析、控高分析、压覆分析、日照分析等规划分析，规划报建管理等；设计阶段结构、建筑、机电、金属结构等协同设计、错漏碰缺等检查分析，以及二维、三维出图等；施工阶段质量、进度、安全、成本等管理管控；运行维护阶段设备台账、履历和监测检测等管理；退役阶段资产报废、回收再利用等管理。

表 5.2－1　　　　　3D GIS 与 BIM 数据集成和功能集成的关键技术内容

3D GIS 与 BIM 集成	关　键　技　术	
数据集成	数据格式转换	
	模型语义信息映射	
	BIM 轻量化	
	BIM 坐标转换	
功能集成	可视化功能集成	模型与地形精确匹配
		BIM 数据 LOD 构建
		碰撞漫游
	数据管理功能集成	数据库表结构定义
		模型与过程信息关联

5.2.3.4　BIM＋GIS 在长距离工程选线设计的应用

长距离工程一般都规模庞大，以引水工程为例，区域地形地质环境条件复杂，输水线路长，涉及范围广，输水建筑物种类繁多。线路通常包含渡槽、隧洞、倒虹吸、明渠和暗涵等众多建筑物。对于同一引水工程线路而言，从属于同一种建筑物类别的建筑物实例数量繁多，采用传统的建模方式势必会出现大量毫无技术水平的重复性工作。而参数化设计技术采用参数驱动的思想，变量化、联动化建立构件模型，大大提高了模型的复用性、关联性和协同性，使得设计人员在不改变原有设计意图的情况下快速地修改模型，生成系列或相似设计成果。一个交互友好的三维参数化设计环境可以大大提高模型的生成和修改速度，在提高设计效率、减少设计错误和缩短设计周期等方面优势明显，从而显著提升工程的技术指标和设计品质。

传统选线方法存在不能够直接对地理信息进行识别、分析和利用等缺点，而 GIS 拥有对地理信息快速的获取方法、科学的表达模式和强大的空间检索分析能力，为智能选线投入使用提供了技术支持。因此，利用 GIS 技术手段进行智能选线是实现快速化、流程化、智能化选线的必要条件。

BIM 模型参数化设计可以依据专业标准，构建专业的标准件、构件库，为模型的复用性、关联性和协同设计等提供标准化模型，使用户可以在不改变原设计意图的情况下利用已有模型或构件库中构件方便地重构模型，生成系列或相似设计成果。在提高设计效率、减少设计错误和缩短设计周期方面效果显著，从而显著提升工程的技术指标和设计品质，也为模型数据的后续管理、优化和升级提供了较大的便利。通过参数化思想构建沿线 BIM 模型，大大提高了工程设计效率与质量。

将 BIM 模型和 GIS 技术无缝融合，将传统工程实施过程中的孤立单元进行聚合，建立完善的多维参数化设计信息数据，为工程设计过程中各阶段和专业的数据管理提供了有力保障。

第6章　基于BIM的三维参数化设计技术

6.1 典型建筑物参数特征分析

6.1.1 典型建筑物构件划分

首先要对典型建筑物（大坝、厂房、渡槽、倒虹吸、隧洞）的形式进行汇总，并分析各种型式建筑物的组成结构，进行建筑物构件的划分，图 6.1-1 为箱形渡槽构件分解示意图。

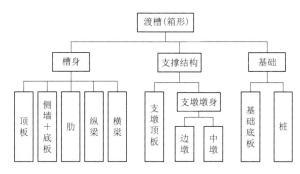

图 6.1-1　箱形渡槽构件分解示意图

6.1.2 三维参数化建模方法

1. 三维参数化实体造型方法

参数化设计的原理是通过几何数据参数化驱动机制，在满足模型的约束条件和约束间关联性的条件下，对模型形状进行改变。对于一个复杂模型，约束数量可能很多，然而实际由用户控制、能够独立变化的参数一般只占少数，称为主参数或主约束；而其他约束则可由模型结构特征确定或与主约束有定量关系，称为次约束。

（1）三维参数化设计的主要特点包括以下 4 项。

1）基本特征：将某些具有代表性的几何形体定义为特征，并将其部分尺寸存为可变参数，进而生成三维实体，并以此为基础实现更为复杂的三维实体模型的构造。

2）全尺寸约束：同时考虑形状和尺寸，几何形状由尺寸约束控制。建模必须基于完整的尺寸参数（完全约束），而不是遗漏的尺寸（欠约束）和过度尺寸（过度约束）。

3）尺寸驱动形状修改：通过编辑尺寸来驱动几何形状的改变。

4）全数据相关：某一尺寸参数的修改将触发其相关参数全盘更新。

（2）参数化设计方法目前主要有：几何推理法、参数编程法、过程构造法、代数求解法和基于特征的参数化方法等。

1）几何推理法：核心思想是通过将模型的约束条件和几何关系存储在知识库中，然后通过推理机构造三维模型。

2）参数编程法：指在参数化建模之前分析模型的结构特征，确定三维模型各部分之间的几何关系和拓扑关系。当输入给定的模型特征参数时，可根据输入参数计算其他参数，然后通过程序实现参数化建模，最终生成三维模型。

3）过程构造法：通过记录模型中几何体系在参数化建模过程中的先后顺序和相互关系，来实现几何模型的参数化设计，这种方法适合具有复杂构造过程的几何模型。

4）代数求解法：原理是用一系列特征点和尺寸约束来表示几何模型。同时，用一组非线性方程表示尺寸约束，然后通过求解非线性方程确定几何模型。

5）基于特征的参数化方法：对描述模型的特征信息进行参数化，输入特定参数确定具体的三维模型。这些特征不仅包括物体的尺寸、形状和位置等几何信息，还包括材料等非几何信息。通过参数化构件实现了整个三维模型的参数化。

2. 三维参数化特征造型方法

特征造型技术是三维设计系统中广泛应用的一种实体造型技术。特征造型的基本思想是预先定义一些特征，确定它们的几何和拓扑关系，并将特征参数存储为变量。在设计模型时，设计师根据自己的设计意图调用所需的特征，并分配特征参数来完成模型定义。

特征造型的特点是该方法定义的模型由一系列特征组成，包括设计思想。模型结构清晰，建模顺序记录也比较详细，比较有利于标准化设计的实现。

将特征造型技术与参数化设计技术相结合的三维参数化特征造型方法，使实体构件在包含更多设计信息的同时实现快速设计；同时，构件的修改可以转化为构件特征参数的修改，为参数化构件库的构建提供了依据和方法支持。

6.2　三维参数化构件库

6.2.1　参数化构件创建

长距离引水工程 BIM 模型的建立依托于建模软件 Autodesk Revit，核心是三维参数化建模技术。如图 6.2-1 所示，长距离引水工程 BIM 模型的建立主要分为以下步骤。

（1）将长距离引水工程中的各个建筑物按照类别进行分类，常见的如渡槽、隧洞、倒虹吸等；各个种类的建筑物根据具体工程环境的不同又可以设计为不同的形式，如渡槽可以分为梁式渡槽和拱式渡槽，倒虹吸的管身段可以分为圆形和矩形，隧洞的洞身段可以分为城门洞形、马蹄形和圆形。

（2）将分类完成的建筑物进行构件分解。构件分解时一定要彻底，直到建筑物最基本的组成部分，否则会影响下一步构件参数分析的准确性和效率。如图 6.1-1 所示，以带顶板的箱形渡槽为例，在第二层首先将该渡槽分为支撑结构、基础以及槽身三部分，然后继续分解上述的各个部分，直到最底层的底板、桩、边墩、纵梁等基础构件。

（3）分析各类构件的合理建模顺序及参数需求。构件参数用来描述构件的基本几何外形。在三维参数化建模中，应该保证构件参数设置的合理性。参数不能设置得过少，否则不能准确地表达出构件的形状；但是，也不应出现重复的参数或者可以由其他参数推导得出的参数，否则构件的各个参数之间可能会出现自相矛盾的情况。

（4）以确定的各个构件的建模顺序和参数设置为基础，利用核心建模软件 Revit 提供的一系列族样板文件独立开发满足自身需求的构件形式。本书以长距离引水工程渡槽建筑物的中墩为例，建立相应的体量族。从三维建模的角度来看，中墩是由上下两个不同的平面经过一定的高度渐变拉伸而成。首先要建立上下两个平面的轮廓，并且在过程中找出关键的尺寸约束，并进行标注。然后，根据标注的意义建立相关的族参数，并将两者进行关联绑定，以便通过修改参数控制上下平面的轮廓。最后，通过渐变拉升即可生成中墩的族。如图 6.2-2 所示分别为上下平面的轮廓，为了保持平面的中心不变，分别以平面的两条中心轴线为参照进行标注，因此标注的只是长和宽的一半，真正的长和宽的参数需要以此为基础进行转化。

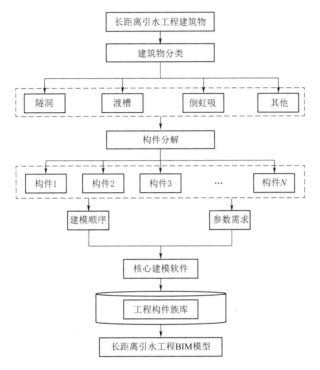

图 6.2-1　长距离引水工程 BIM 模型建立流程

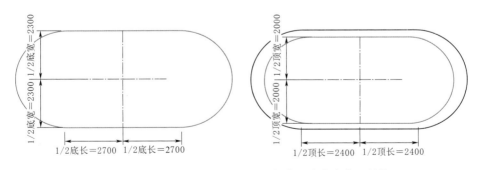

图 6.2-2　渡槽建筑物的中墩上下平面的轮廓及约束参数（单位：mm）

经过上述步骤，即可获得中墩体量族的形状，利用族参数可以改变中墩的外观尺寸。除此之外，工作人员还可以为该族添加其他的一些参数用于表示工程信息，如施工所用材料、施工单位、施工开始时间、施工结束时间、质量检查信息等。具体参见图 6.2-3。

图 6.2 - 3　渡槽建筑物的中墩构件族模型及其参数

（5）以上 4 个步骤是引水工程 BIM 模型创建的准备工作，最终的成果就是长距离引水工程 BIM 模型的构件库。同时，该构件库在后续的模型建立过程中需要工作人员不断的维护、更新。在建立 BIM 模型时根据模型的构件组成按照一定的顺序调用构件库中相应的构件，逐渐装配形成相应的模型。图 6.2 - 4 所示为某渡槽建筑物 BIM 模型，主要包括进口段、槽身、出口段、边墩、中墩、底板和桩基础。

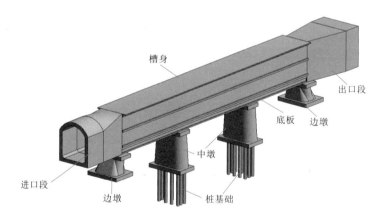

图 6.2 - 4　某渡槽建筑物 BIM 模型

BIM 模型建立之后，Revit 会根据模型的构件类型生成明细统计表，利用这些明细表可以方便快速地查询引水工程 BIM 模型的工程量信息。而且，模型越细致，统计的工程量信息也就越准确。这相对长距离引水工程传统的二维设计方法来讲，减少了工程量统计工作，具有明显的优势。此外，当工程发生设计变更，需要更改 BIM 模型时，明细统计表的信息也随之进行更新。图 6.2 - 5 所示为桩基础工程量明细统计信息。

6.2.2　基于 BIM 的参数化构件库建立方法

三维参数化构件库将模型设计过程中使用的构件信息存储在一起，使用标准描述格式，对模型的构件进行规范化和标准化，由专用系统进行管理，并建立构件信息数据库。

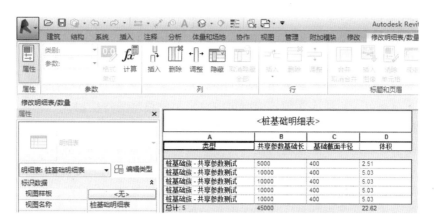

图 6.2-5 桩基础工程量明细统计信息

设计者可以检索、访问和扩展构件库。构件库提供与模型设计系统的接口，通过参数化设计思想驱动构件库中各个构件尺寸的修改，实现构件的自动创建。

（1）参数化构件库设计原理。为了建立水电行业参数化构件库系统，首先，需要根据水电行业各构件的功能，将其划分为若干类型。然后，根据相似性和可重用性原理，对构件的结构和特点进行综合分析，确定这些构件的代表性特征和几何结构。利用可能的变形设计方案及相关的属性和参数确定该类构件的主要模型，建立主模型的参数化驱动机制，实现构件属性和几何参数的自定义化输入，及模型的实体化，最终得到相应的三维参数化构件模型。

构件主模型可以在三维设计软件中构建，而三维软件应当具有良好的造型能力和易开发性，比如 Revit、3d Max 等 BIM 建模软件。在建立构件库的过程中，构件的几何和拓扑约束应预先设定并存储在构件库中。新元件的具体尺寸值一般不同于原元件，但它们的几何关系和拓扑关系是相似的。建模过程可以使用构件库中的各种约束，依靠新输入的参数进行参数化建模。

（2）三维参数化构件库体系结构。水电行业构件库的结构一般设为三层体系结构，它也是基于模块化设计而设置的，即数据访问层、应用层和功能逻辑层。

1）数据访问层：由于构件库属于共享资源，因此该访问层是基于位于中央服务器上的文档电子仓库和网络数据库建立的。

2）应用层：为客户端用户管理界面、人机交互界面和 Web 浏览器。客户端用户管理界面负责管理用户对构件库的访问权限。通过授权用户，它可以添加、删除、修改和查询构件库。采用基于 BIM 建模软件平台的人机交互界面，对构件库中的构件进行设计、添加、查询和选择。Web 浏览器应用程序用于在不安装客户端程序的情况下实现构件库管理和信息查询。

3）功能逻辑层：首先用户发出请求，然后系统在功能逻辑层中进行确定，之后再从数据层那里获得用户发送的数据，同时对接收到的数据进行一系列操作，最后将三维模型及附属属性信息再反馈给应用层。这一层也是整个构件库系统的核心。

6.2.3　参数化构件库服务

水利水电工程涉及专业多且规模大，构件库的形式和类型丰富，给三维参数构件库的建立带来了一定的困难。一般来说，三维参数化构件库应具有以下这些功能。

（1）模型预览功能。构件库为用户提供包含构件和程序集的预览功能。它可以预览、缩放、旋转和翻译包含构件的部件；同时可以显示三维模型的特征树。

（2）部件尺寸的参数驱动功能。对于三维模型参数化驱动程序，用户可以根据工程情况自动生成模型，确定具体的模型约束和尺寸参数，大大提高了设计效率。

（3）添加和删除构件库的功能。构件库的动态添加功能使用户可以根据自己的需要通过人机交互添加构件，体现了构件库系统的便捷性和可扩展性。

（4）构件库编辑和管理功能。根据水电行业的特点，水电行业三维参数构件库需要对模型的几何参数和其他属性信息进行管理，包括用户定义构件、非标准构件、标准构件，并能提供这些信息的编辑界面。

（5）构件库的分类检索、查询功能。构件库中三维参数化模型包含着多种信息格式。构件库需要提供多种检索和查询的工具，以满足不同方式或不同目的的检索。

从以上基本功能可以看出，水利水电行业三维参数化构件库的中心目标是最大限度地利用构件库内部和外部知识资源，同时要具有良好的人机交互界面，方便设计人员使用。构件库系统不仅需要集合大量水利水电行业参数化构件，还应提供充分的辅助功能，使设计使用人员不仅可以利用构件库系统进行参数化驱动直接生成三维模型并获得所需的信息，还可以方便地进行添加、修改、查询、预览等操作。

6.3　构件信息数字化管理

构件作为建筑物的一个组成部分，除了包括几何信息外，还应该包括构件的物理性质、力学性质、功能特性及其他扩展属性信息。构件的信息数字化管理是将信息集成至三维模型中，基于构件三维模型对其几何信息和扩展属性信息进行数字化管理，为建立水利水电工程典型建筑物 BIM 做准备。

6.3.1　构件基本信息

BIM 的价值在于其可以进行信息的共享和交换，引水工程 BIM 模型只是信息的载体，建立 BIM 模型只是创建 BIM 的第一步，更重要的是以这些 BIM 模型为基础组织工程建设管理的相关信息。

BIM 模型在建立之初具有一定的基本信息，包括几何信息、拓扑信息和属性信息。属性信息取决于具体的 BIM 建模软件，如本书所选用的 Revit 软件，模型的属性信息由实例属性和类型属性两部分组成。实例属性是指某个具体图元构件的属性，同一类型的各个图元都拥有该属性项，但是具体的属性值可以不同。而类型属性针对某类型的构件，模型中所有同一类型图元的类型属性项必定相同，且具体的属性值也必然一致。

以图 6.3-1 中标出的渡槽中墩为例，图 6.3-1（a）为该图元的实例属性，主要包括限制条件、尺寸标注（高度、顶长、顶宽、底长、底宽）、标志数据、阶段化等，上述属性项的值针对不同的实例中墩可以不同，比如不同的顶长、顶宽、底长、底宽会导致各个中墩的上下两个面的轮廓发生变化，进而引起面积和体积的不同。图 6.3－1（b）为该图元的类型参数，主要包括构造、材质和装饰、标志数据（型号、注释记号、制造商、说明）和建族时添加的类型参数，上述的属性项的值针对同一类型的中墩都是相同的。以上即为 BIM 模型的基本属性信息。

（a）实例属性　　　　　　　　　　（b）类型属性

图 6.3－1　图元构件的实例属性与类型属性

6.3.2　构件扩展属性信息管理

根据 6.3.1 节，BIM 模型的基本属性信息虽然已经包括很多方面的内容，但这些基本信息没有涵盖足够的工程项目建设管理方面的信息。因此，需要在基本信息的基础上扩展 BIM 模型的信息，使之具有建设管理信息的属性项，然后赋予其属性值。而利用 Revit 软件自身的相关功能即可完成上述的信息扩展，具体方法如图 6.3－2 所示。

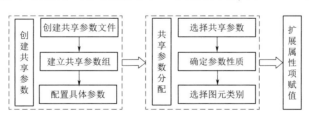

图 6.3－2　属性扩展方法

（1）将需要的扩展属性项写入共享参数文件。共享参数可以由多个项目和族共享，工作人员可以根据需要将其分配到不同类型的图元构件作为属性项。该类参数需要工作人员利用 Revit 软件提供的编辑共享参数功能自己创建，然后记录到指定的本地 TXT 文本书档文件中，该文件即是共享参数文件。如图 6.3－3 所示：①首先要在本地创建一个 TXT 共享参数文件；②将需要扩展的属性项进行归类分组，根据分组的结果新建参数组，如将

图 6.3-3　编辑共享参数

和工程分标相关的信息统一分配到工程分标方案信息组，方便对大量共享参数进行管理；③依次为每个参数组配置具体的参数项，如分标方案信息组包括标段类型、标段名称、招标方式、估算额、招标开始/完成时间等参数。

（2）共享参数设置完成之后要利用软件添加项目参数的功能将其合理地分配给相应的类别。如图 6.3-4 所示：①选择相应的共享参数；②根据共享参数的特点确定该参数的性质，即类型参数或实例参数，二者区别已在本节说明；③在右边的类别层次图中选择需要添加共享参数的类别，如图将标段类型分配至结构基础、结构柱、结构框架等，确认上述操作之后即可完成共享参数的分配。

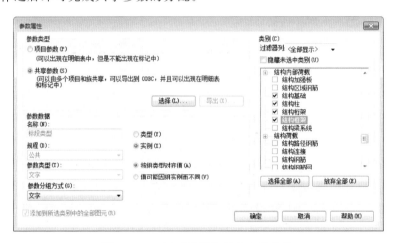

图 6.3-4　图元类别与共享参数关联

（3）对比图 6.3-1 和图 6.3-5 可以发现，渡槽中墩的实例属性已经发生变化：分标方案的相关信息已经成为渡槽中墩的一系列属性。接下来需要工作人员根据实际的项目情况为扩展的属性项赋值，如标段类型可以设置为建筑安装工程。

6.3.3　Revit 二次开发扩展信息

经过 6.3.2 节的分析可知，利用 Revit 软件自身的功能便可以实现引水工程 BIM 模型信息的扩展。但是，在多次实际操作的基础上针对该方法流程总结了以下两条缺点：①无法批量添加共享参数。由于 BIM 模型信息完备性的特点，BIM 模型需要扩展的属性项必然要全面涵盖引水工程项目建设管理过程中的各种信息，这就会导致出现大量需要扩展的属性项。如果工作人员按照 6.3.2 节的方法逐项依次添加这些扩展项，不仅效率十分低下，而

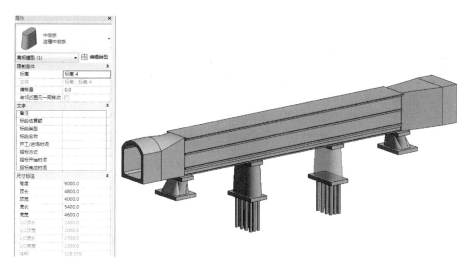

图 6.3 - 5　渡槽中墩构件扩展后的实例属性

且容易出现一些低级错误，比如扩展项的名称输入错误、漏掉某些扩展项等。②信息的重复录入。按照 6.3.2 节扩展属性方法的最后一步，工作人员需要为每个扩展的属性项录入实际的工程建设管理信息。问题在于这些工程信息在工作人员使用建设管理系统时已经录入到数据库，再次输入不仅增加了工作量，同时有可能造成信息不一致的现象。

综上所述，为了提高 BIM 模型信息扩展的效率和准确性，避免工程信息重复录入的工作量，本书研究了 Revit 软件的二次开发。通过开发的插件封装与 6.3.2 节方法流程相关的各种方法函数，以求可以快速、准确、高效地实现 BIM 模型信息的扩展。

Revit 软件在自身强大功能的基础上还为广大用户提供了扩展产品功能的应用程序编程接口（Application Programming Interface，API）。最初的 Revit API 只能访问文档中的对象，在后续的更新中陆续添加了用户选择交互 API、对象过滤 API 和族创建 API 等。经过多年的不断发展，API 的数量不断增加，涵盖的功能也不断增强。利用该接口，用户可以通过编写程序的方法自定义一些功能，满足个性的软件使用需求。由于 Revit 软件强大的二次开发功能及其与 BIM 理念的良好融合，目前 Revit 的二次开发已经成为了各大软件商的工作重点。国外这方面的产品已经有很多，国内虽然发展较晚，但是在这方面投入的专家学者和公司也是在不断增加。

Revit 提供的 API 允许用户在 .NET 的框架下使用 C♯、VB、C＋＋等支持 .NET 的高级编程语言进行二次开发。开发环境一般选用微软公司推出的集成软件开发平台 Microsoft Visual Studio（VS）。需要注意的是，Revit 的二次开发目前只支持插件的形式。首先，编程开发的成果需要生成 dll 动态链接库文件，然后编写含有 dll 路径的 addin 文件，并将该文件存放在 Revit 的安装目录特定文件夹内。启动 Revit 时外部程序管理器会根据 addin 文件中的路径指引在附加模块下加载扩展功能。Revit 提供了两种二次开发的方式来扩展功能，如图 6.3 - 6 所示：红线左边的是创建一个外部命令（External Command），直接在 Revit 的外部工具下拉按钮下生成一个命令按钮，通过该按钮可以启动相应的功能；红线右边的是另一种方式，即新建一个外部应用（External Application），首

先生成一个与外部工具平行的下拉按钮，然后，将利用第一种方式创建的外部命令加载到
该下拉按钮即可。

图 6.3－6　Revit 二次开发扩展功能的两种方式

　　本书以 VS 2010 为平台，采用上述的创建外部应用的扩展方式，以 C♯ 为编程语言进
行 Revit 软件的二次开发。通过引用 Revit 软件提供的 RevitAPI. dll 和 RevitAPIUI. dll 二
次开发接口组件文件，调用相关的接口函数，实现图 6.3－7 所示的属性扩展流程，具体
主要包括以下四点。

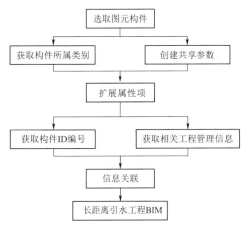

图 6.3－7　Revit 二次开发属性扩展流程

　　（1）获取选中图元构件（Element）所代
表的类型（Category）。Revit 文件中的每个图
元构件都是某个类型的实例化，而共享参数需
要附加到具体的类型中。因此首先要获取图元
的类型，然后将合适的共享参数一键添加到该
类型。显然，这种方法较利用 Revit 软件的自
带功能极大地提高了工作效率。

　　（2）获取选中图元的 ID 编号（Element
ID）。在一个 Revit 文件中，每个图元都拥有
一个唯一的编号作为图元的身份识别依据，该
编号由软件自动生成，并保证唯一性。图元构
件的所有相关信息都通过这个 ID 编号进行聚
集和组织。所以图元的 ID 编号是 BIM 模型信
息扩展的关键，利用该编号才能建立引水工程建设管理信息与选中的模型构件的关联关
系。图 6.3－8 所示为通过二次开发获取的渡槽中墩的 ID 编号。

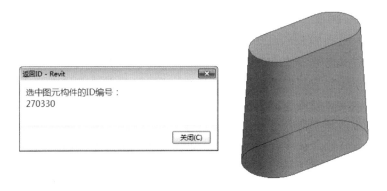

图 6.3－8　选中图元构件的 ID 编号

（3）获取已经录入数据库中的引水工程建设管理信息。根据需要扩展的信息类别，利用数据库查询技术将相关信息从数据库特定的表中取出，避免了信息的重复录入，确保了 BIM 信息的一致性。图 6.3－9、图 6.3－10 分别为项目基本信息扩展和分标方案信息扩展。

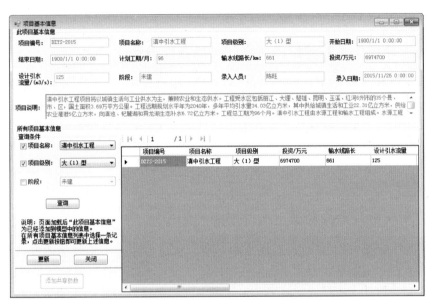

图 6.3－9　项目基本信息扩展

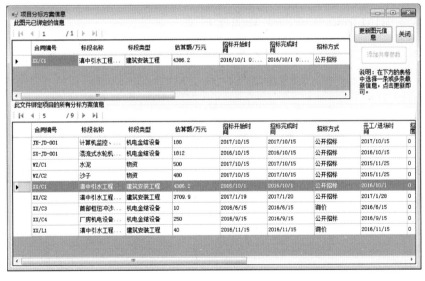

图 6.3－10　项目分标方案信息扩展

（4）将获取的实际工程建设管理信息与选中图元的扩展属性项一一对应，根据获取的图元构件的 ID 编号将二者结合，为属性项赋予相应的属性值。

经过上述 Revit 软件的二次开发可以实现引水工程 BIM 模型信息的扩展，加载工程建设管理信息。通过 BIM 模型的建立和信息的扩展，创建了引水工程的 BIM。本书中 BIM 的创建主要依托于 Autodesk 的 Revit 软件，该软件支持 IFC 标准。项目各参与方可以导出的 IFC 格式文件为基础分享 BIM 成果。

6.4 典型建筑物三维参数化设计

6.4.1 基于装配关系的典型建筑物三维参数化设计

典型建筑物是由多个构件在一定的约束条件下组合而成的。基于装配关系的建筑物三维参数化设计是对组合建筑物进行从单体到构筑物，从几何约束到装配关系的分层次参数化关联。将装配关系引入到参数化设计中不仅可以解决复杂建筑物模型中各组成构件的定位问题，同时可以进行建筑物的整体三维参数化设计。建筑物装配模型的结构为树状分级结构，由若干个子装配模型及构件组成，各子装配模型由下一级子装配模型及构件组成，依此类推直到最后一级。

6.4.2 基于尺寸驱动的参数化构件族库构建技术

根据引水工程建筑物 BIM 数据规范和标准，创建各种引水建筑物的参数化构件库。构件库能够根据指定的尺寸参数动态生成构件的三维模型，并根据用户需要将生成的构件三维模型存储在构件库中，进而能够对构件库中的构件及其对应参数表进行检索、添加、修改和删除等管理操作。构件库按照各种典型引水建筑物的不同型式进行划分，对于预应力构件需要包含预应力钢束的参数化建模。

6.4.3 基于 BIM 的信息模型快速创建方法

基于三维参数化特征建模方法和参数化构件库的建立方法，通过对水利水电工程信息模型建立过程的分析，确定了现有的参数化设计软件作为系统工具，模型模板库和构件库作为系统资源，以及模型装配和构件装配作为主要过程的水利水电工程信息模型建立方法体系。

水利水电工程信息模型的创建主要步骤如下。

（1）确定子模型，如一个重力坝模型或是渡槽模型。

（2）将子模型进行构件分解（图 6.2-1 和图 6.4-1），确定合理的建模顺序和构件的特征。

（3）在现有的参数化设计软件中，构建参数化构件库。

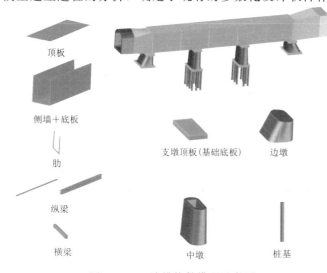

顶板

侧墙＋底板

肋

纵梁

横梁

支墩顶板（基础底板）

边墩

中墩

桩基

图 6.4 1 渡槽构件模型示意图

（4）在参数化设计软件中，选取组件库中的组件，通过组件自带的装配功能对组件进行组装，并生成子模型，最终形成模型模板库。

（5）在参数化设计软件中，调用形成的模型模板库，转化为新的子模型，并且实现自上而下的设计。在参数化设计软件中，将各种子模型（不管是参数化的还是非参数化的）进行装配，最终形成水利水电工程信息模型。

第7章 基于WebGL的BIM正向协同设计技术

7.1 BIM 协同设计工作流

7.1.1 协同设计工作流

7.1.1.1 专业内协同设计工作流

专业内协同设计的工作流即是专业设计人员相互配合共同完成专业信息模型的过程。

（1）根据专业信息模型中的模型类型和模型布置情况，可以按照不同类型或是不同区域进行工作任务的划分，划分后的任务作为一个个工作集分配给专业内的各个设计人员。

（2）专业设计人员将参照的其他专业的信息模型作为创建本专业信息模型的基础参考模型，上传为中心模型文件（中心装配文件），存储在中心服务器中。

（3）设计人员每次创建完成工作集中的一个子模型（装配文件及其构件模型文件）后，即将其添加（装配）至中心模型文件中，以后修改此子模型均采用签出、签入的方式进行：即首先将想要修改的子模型检出到个人计算机工作目录下，修改完成之后再签入用于更新中心模型文件。每次修改更新的子模型文件将按照不同的版本进行存储，中心模型文件中使用的一直是子模型文件的最新版本。

每个设计人员在进行各自工作集中子模型的设计时可以打开中心模型文件，并动态更新，以查看到其他设计人员最新的设计模型，以协同、参考的方式进行自己的设计。

（4）任一设计人员将中心模型文件更新后，需要通知校核人员对此次更新后的模型进行校核。校核完成的结果应及时通知专业内部的各个设计人员，并判断子模型文件应该返回的版本，或是重新修改子模型。

（5）当所有设计人员完成各自的工作集，且完成中心模型文件的校核之后，则将中心模型文件依次发送给审查人、核定人及审定人进行审批，通过之后则作为专业信息模型的最终成果，否则返回重新进行修改，其中审查人、核定人可以由不同的副设总担任，审定人由设总担任。

7.1.1.2 专业间协同设计工作流程标准化

专业间协同设计的工作流程即是专业之间相互配合完成引水工程枢纽布置而创建引水工程信息模型的过程，专业内协同设计可以看作是专业间协同设计的一个子过程。

（1）根据水文、测绘、地质、规划等专业提供的包含流域水文气象、工程地质条件、工程规模等信息的地质专业信息模型，水工专业针对引水工程选线来拟订可能的布置格局方案，从而生成多种布置方案，并通过比选得到推荐方案，然后进行更为详细的设计。

（2）以地质专业信息模型为中心模型的文件，在满足水力学和结构力学验算的条件下，以协同的方式完成各专业建筑物的创建和在地质专业信息模型中的布置，初步完成引水工程主体信息模型（含地质、渡槽、倒虹吸、箱涵、明渠、控制工程等）的建立。

（3）水工（引水）专业继续进行布置方案和主体信息模型的优化；同时金属结构、施工、环保水保等专业以主体信息模型为中心模型文件，以协同的方式创建各自的专业信息模型。

（4）将各专业经过审定的金属结构信息模型、施工信息模型、环保水保信息模型更新到主体信息模型当中，生成引水工程信息模型。

水利水电工程专业间协同设计工作流程如图 7.1-1 所示。

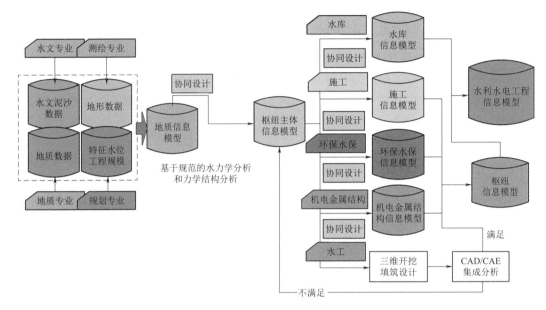

图 7.1-1　水利水电工程专业间协同设计工作流程

7.1.2　协同设计管理模式

目前国内水利水电行业设计管理的模式主要有以下三种：业主自主管理型模式、设计监理型管理模式、设计总体总包管理模式。

（1）业主自主管理型模式。

1）合同类型。多方设计主体合同是传统设计管理模式的合同类型，是指业主选择两个及以上单位承担同一工程的勘察设计，但在合同中明确主体勘察设计单位。主体勘察设计单位和其他勘察设计单位均受业主委托，之间并不存在合同关系。

2）责任界定。主体勘察设计单位和其他勘察设计单位均分别对业主单位负责。主体勘察设计单位负责总体策划、组织协调和设计集成，其他勘察设计单位负责向主体勘察设计单位提供资料和成果，并对其成果质量负责。业主对各设计单位进行设计管理及技术协调工作，对项目的整体设计技术质量、设计进度和设计概算等进行控制。

（2）设计监理型管理模式。

1）合同类型。业主选择一家综合实力强的设计管理或咨询单位与之签订勘察设计总体总包管理合同，然后选择一个或多个专业设计单位承担分项勘察设计任务，与之签订设计合同及勘察合同。设计管理或咨询单位与设计单位均受业主委托，两者之间没有合同关系。

2）责任界定。首先设计监理要保证总体设计质量，即保证阶段设计文件在内容和深度上符合规程要求，各项主要设计方案的论证和选择合理，设计所采用的原则和方法正确。其次保证设计进度合理，即保证设计阶段的里程碑成果输出，各专业的配合协调有序进行。最后协助业主签好设计合同和估算合同费用，协助业主和设计单位做好限额设计和优化设计，把设计阶段的投资有效地控制在限额之内。需注意的是设计监理的责任不能代替设计承包者的设计责任。

（3）设计总体总包管理模式。

1）合同类型。设计总承包合同是设计总体总包管理模式的合同类型，是指业主选择一家综合实力强的设计单位与之签订勘察设计总承包合同，由设计总承包单位内部生产部门独立完成合同内容，或者在业主许可的情况下设计总承包单位再选择部分分包单位与之签订设计分包合同，分包单位对总承包单位负责，二者之间是合同关系。但是，勘察设计单位不得将所承揽的勘察设计业务转包或违法分包。

2）责任界定。设计总承包单位对合同中约定的勘察设计工作范围、内容、深度、进度、质量及服务向业主单位负责，并负责对勘察设计工作进行全面策划、协调、组织和管理，保证合理的勘察设计周期，对最终的交付成果负责。分包单位对分包合同中约定的设计工作内容负责，并对设计总承包单位负责。

7.2 多专业协同设计数据转换

7.2.1 多专业模型数据融合

7.2.1.1 IFC 标准

BIM 应用的核心是数据交互，通过建立统一的标准规范，实现各专业设计人员、各参建方能够基于同一平台实现 BIM 的协同化应用。目前应用最为广泛的 BIM 数据交互标准就是 buildingSMART 组织（前身为 IAI）针对建筑工程特性制定的 IFC 标准，国内外约有 150 家软件开发商的产品支持通过 IFC 标准格式文件共享和交换 BIM 数据。

IFC 模型分为 4 个组成部分，分别是类型定义、规则、函数和预定义属性集。类型定义作为最重要部分，包括定义、枚举、选择和实体类型。IFC 体系结构从下至上依次为资源层、核心层、共享层和领域层。各层均包含一系列信息描述模块，并遵守如下规则：每层内的实体只能对同层及下层的资源进行引用，而不能直接引用上层的资源；当上层资源发生变动时，下层不会受到影响。资源层位于 IFC 模型结构最底层，用于描述模型属性、几何、材料、成本、进度等基本信息；核心层通过整体框架将资源层的信息进行组织关联；共享层中部分对象为交互共享，用来解决涉及施工不同领域信息交换的问题；领域层作为最顶层，形成各专业主题信息，包括地质、施工等领域。IFC 体系结构图如图 7.2-1 所示。

完整的 IFC 标准由类型定义、实体、规程和相关的内容定义组成，其中类型定义是 IFC 标准的主要部分，包括定义类型（Defined Type）、枚举类型（Enumeration Type）和选择类型（Select Type）。

实体（Entity）是信息交换与共享的载体，采用面向对象的方式构建，与面向对象中类的概念相对应，是 IFC 标准体系的核心内容。实体均是依靠属性对自身信息进行描述，分为直接属性、导出属性和反属性。直接属性是指使用定义类型、枚举类型、选择类型表示实体的属性值，如 Globalld、Named 等；导出属性是指由其他实体来描述的属性；反

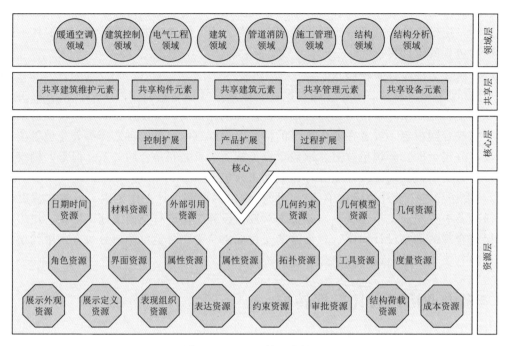

图 7.2 - 1　IFC 体系结构图

属性是指通过关联类型的实体进行链接的属性，如 IsTypedBy 通过关联实体 IfcRelDefinesByType 关联构件的类型实体。三种不同类别的属性在其应用范围和应用时机上各有其侧重点。一般来讲，如果一个实体中的某个属性是专有属性或不变属性，则适合使用直接属性进行定义，如 GlobalID 定义了全局唯一标志；反之则使用反属性进行定义，比如 IfcPropertySet 属性集实体中的 DefinesOccurrence 就是通过反属性来定义的，因为一个属性集可以由其他多个实例共用；导出属性则多用于定义资源层的一些底层实体。

规程包括函数和规则两个部分，主要用于计算实体类型的属性值，控制实体类型属性值满足约束条件和验证模型的正确性等。相关的内容定义包括属性集（Property Set）、数量集（Quantity Set）和个体特性集（Individual Properties Set）三个部分。IFC 标准对常用的属性集进行了定义，称之为预定义属性集。数量集是对长度、面积、体积、重量、个数或时间等参数的度量。

2013 年 4 月 1 日，IFC 标准（IFC4 标准）在 ISO 体系中从 PAS（公共可用规范）升级为 IS 标准，正式标准号为 ISO - 16739：2013。此次标准等级的提升，将 IFC 体系中所有的内容都纳入 ISO - 16739 标准中，扩大了 IFC 标准在建筑工程管理领域的影响范围。截至目前，最新的 IFC 标准是 2021 年 7 月 22 日发布的 IFC4 标准。

（1）EXPRESS 描述。IFC 标准本质上是建筑物和建筑工程数据的定义，反映现实世界中的对象。它采用了一种面向对象的、规范化的数据描述语言——EXPRESS 语言（机械、制造、航空航天、工艺等产品制造领域的国际标准 STEP 使用的产品数据表达规范化语言）作为定义描述语言，直观表达实体、实体属性、实体约束和实体之间的关系。IfcDoor 实体定义的 EXPRESS 表述，如图 7.2 - 2 所示。

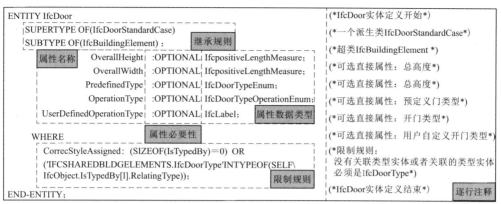

注 "(**)" 符号内部的内容属于EXPRESS语言的注释，实际定义时无须罗列。

图 7.2-2 IfcDoor 实体定义的 EXPRESS 表述

（2）EXPRESS-G 描述。EXPRESS 语言虽然能够准确描述 IFC 实体的各种关系及属性，但仅适合软件的读写，在人工读取上存在一定的困难。因此，一种以图表描述的方式开始出现，并得到了应用者的广泛认同，即 EXPRESS-G 视图。

EXPRESS-G 图通过各种预定义的图形符号对 EXPRESS 内容进行描述，常用符号如图 7.2-3 所示。

定义符号，主要用于表达各种数据类型，如定义类型、选择类型、枚举类型、简单类型及实体类型等。定义符号采用矩形框/圆角矩形（实线、虚线）表示，各定义之间的关系用关系符号（实线、虚线、粗实线）表示，不同线型表示有关定义和关系类型的信息；关系符号，用于定义各种符号之间的联系，并利用端部形状定义各类关系的侧重点。直线的线型主要有普通实线型、虚线型和粗实线型，线型尾端基本为空心圆。

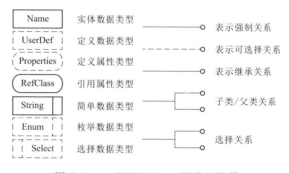

图 7.2-3 EXPESS-G 图常用符号

（3）XSD 描述。利用 EXPRESS 语言描述的 IFC 标准，最终可将 BIM 模型文件转换为 SETP Part 21 格式（后缀名为 ifc）的中性文件。".ifc"模型文件虽然减少了数据存储所占用的空间，提高了数据交互的效率，但是缺乏足够的灵活性和扩展性，也非常不利于用户直接阅读和修改，制约了 IFC 标准的传播，因此 buildingSMART 发布了基于 XML（Extensible Markup Language）语言结构的".ifcxml"中性文件。利用 XML 语言开放、可扩展、可自描述的特点，加上其已成为网上数据和文档传输的主要标准，吸引了大量人员对 IFC 标准进行研究和利用。IFC 标准的 XSD（XML Schemas Definition）描述即是对".ifcxml"文件所含内容及结构的定义，图 7.2-4 所示为 IfcDoor 实体定义的 XSD，包含的主要内容有：定义 XML 文档的元素组成；定义 XML 文档的属性组成；定义某节点的子节点集合内容、数量及出现的顺序；定义元素/属性的数据类型；定义元素/属性的默认值/固定值。

```
<xs:element name="IfcDoor" type="ifc:IfcDoor" substitutionGroup="ifc:IfcBuildingElement" nillable="true"/>
<xs:complexType name="IfcDoor">
    <xs:complexContent>
        <xs:extension base="ifc:IfcBuildingElement">
            <xs:attribute name="OverallHeight" type="ifc:IfcPositiveLengthMeasure" use="optional"/>
            <xs:attribute name="OverallWidth" type="ifc:IfcPositiveLengthMeasure" use="optional"/>
            <xs:attribute name="PredefinedType" type="ifc:IfcDoorTypeEnum" use="optional"/>
            <xs:attribute name="OperationType" type="ifc:IfcDoorTypeOperationEnum" use="optional"/>
            <xs:attribute name="UserDefinedOperationType" type="ifc:IfcLabel" use="optional"/>
        </xs:extension>
    </xs:complexContent>
</xs:complexType>
```

图 7.2-4　IfcDoor 实体定义的 XSD 表述

7.2.1.2　IFC 标准扩展

虽然 IFC 标准通过多年发展已逐渐成熟，但 IFC 标准体系内的实体类型及属性尚未完全满足所有建筑工程领域的信息交互需求。从 IFC 标准可以看出，设备管理领域实体主要针对建筑领域，对水电工程的支持性较差，比如说渡槽、槽墩等构筑物均未提供相应的实体支持，若使用建筑中的实体强行进行描述，不仅容易造成歧义，而且不利于分类统计，因此，需对 IFC 标准中的实体进行扩展，以适应 IFC 在引水工程的应用。

作为开放的标准体系，IFC 标准提供了多种方式供应用开发者根据需要进行扩展，包括基于属性集的扩展、基于 IfcProxy 实体的扩展、基于实体定义的扩展，主要扩展方式的描述如下。

（1）基于属性集的扩展。属性集扩展是 IFC 标准提供的一种主要扩展方式。如通过 IfcRelDefinedByProperties（属性关系实体）可以将 IFC 体系中与墙相关的预定义属性集 Pset_ReinforcementBarPitchOfWall（钢筋与墙的间距信息）、Pset_WallCommon（墙的通用属性）及自定义属性集（如描述合同信息的 Pset_WallContractInfo_S 等）与多个 Ifc-WallStandardCase（标准墙实体）建立关联关系，即利用增加属性集实现对墙实体属性的扩展，图 7.2-5 所示为 IfcWallStandardCase 实体的属性集扩展方式，其中属性集/属性名称以"_S"结尾的表示自定义的属性集/属性。

（2）基于 IfcProxy 实体的扩展。IfcProxy 是处于核心层的一个预定义实体，可通过对其实例化，并赋予相应的属性集和几何信息描述，即可构造出 IFC 标准中未定义的信息实例，因此 IfcProxy 也可以说是一种基于实例的扩充方式。IfcProxy 的继承关系如图 7.2-6 所示，其继承自 IfcProduct，增加了 ProxyType 和 Tag 属性，其中 ProxyType 属性用于表示扩展实体的实体类型，包括 PRODUCT、PROCESS、CONTROL、RE-SOURCE、ACTOR、GROUP、PROJECT 及 NOTDEFINED，分别代表产品、过程、控制、资源、人员、群组、项目及用户自定义类型；Tag 属性用于确定扩展实例的标识符。当 IfcProxy 实例类型为 PRODUCT，可通过超类 IfcProduct 的 ObjectPlacement 和 Representation 属性分别确定实例的空间位置和几何形状。

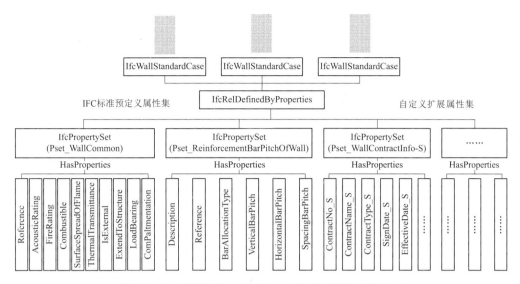

图 7.2 - 5　IfcWallStandardCase 实体的属性集扩展方式

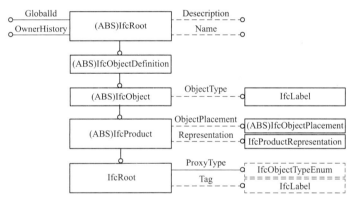

图 7.2 - 6　IfcProxy 的继承关系

（3）基于实体定义的扩展。基于实体定义的扩展方式意义较为明显，即人为增加 IFC 标准的定义数量，进而使用新定义的实体来描述所需要扩展的信息对象，是对 IFC 标准的模型体系的扩充。由于实体扩展方式拥有较好的数据封装性、高效的运行效率，因此 IFC 标准的每次升级通常都是采用此方式对体系结构进行扩展。IFC 实体扩展又分为 IFC 实体属性的扩展和 IFC 实体的增加两类。IFC 实体属性的扩展包括：增加属性、修改属性、删除属性。IFC 实体的增加主要依赖于 IFC 标准的继承结构，新扩展的实体需要建立与已有实体的派生和关联关系，避免由于新实体的出现对模型体系造成语义不明确的缺点。

7.2.2　Web 端数据格式转换

7.2.2.1　几何模型创建

（1）坐标点。在设计参数录入界面获取各个设计参数后，要利用这些设计参数依照三维模型的构造原理，依次由点、线、面最后形成三维几何体。由于获取到的都是长度、高程、坡度这样的数值概念，因此要先确立空间三维坐标原点，基于坐标原点利用这些设计参数将设计坝段的各个顶点坐标计算出来，得到一系列的 THREE. Vector3 (x, y, z) 三维坐标点，需要注意的是 Three. js 是右手坐标系，需要对坐标进行转换调整。

（2）三角面片。得到三维坐标顶点后要将这些顶点进行分组，每组顶点可构成简单的棱柱体。利用每三个顶点构成一个 THREE. Face3 三角面片，依次拼接三角面片，形成多个封闭的棱柱体表面壳体。

（3）几何体。建立 THREE. Geometry 空几何体，将分好组的三维坐标顶点组 vertices 和定义好的三角面片组 faces 赋给几何体，并利用 THREE. Geometry. computeFaceNomals（）方法自动得到各个包围面的法向量，即可得到 Geometry 实体。

（4）材质和光源。新建 THREE. Mesh 模型，将定义好的 Geometry 实体赋值给 Mesh 模型的第一个参数，同时定义 THREE. MeshPhongMaterial 材料属性，得到 THREE. Mesh（Geometry，Materials）的 mesh 模型。同时定义平行光 THREE. DirectionalLight、环境光 THREE. AmbientLight、点光源 THREE. PointLight，通过 THREE. Scene. add（）方法，向场景内添加光源，使建立的有材质模型具有更好的三维显示效果。

（5）控制器。定义 THREE. TrackballControls 控制器，包括相机 Camera、渲染器 Renderer 和 3D 可视化嵌入的元素组件 DomElement，进行场景内几何模型的移动、旋转、缩放等操作。

（6）信息显示。对于 Javascript 脚本编写的应力、稳定分析计算结果，以及坝段的相关信息的可视化显示，采用 Three. js 自带的 dat. GUI（）控件，设置好变量名称和变量值后，通过调整 DomElement. style 属性对信息显示样式进行修改，即可在可视化页面显示参数化建立的坝段模型关联的信息。

7.2.2.2　格式转换

建立好的 Mesh 模型只具有三维查看功能，为使参数化建立的三维坝段模型 发挥更多的作用，需要对此 Mesh 模型进行格式转换，使其变成可导出进行其他应用的不同模型格式的数据集文件，表 7.2 - 1 中是 Three. js 支持的模型数据格式及特点。

表 7.2 - 1　　　　　　　　　　Three. js 支持的模型数据格式及特点

格式	特　点
OBJ/MTL	一种使用最广泛的三维文件格式，Wavefront 科技公司创立，用来定义对象的几何体。MTL 文件常同 OBJ 文件一起使用，对象的材质定义在 OBJ 文件中
COLLADA	一种用来定义 XML 类文件中数字内容的格式，基本所有三维软件和渲染引擎都支持此格式
STL	常用于快速成型，三维打印机的模型文件通常使用此格式
JSON	利用声明的方式定义几何体和场景，使用方便但不是正式的格式
VTK	Three. js 有自己的 JSON 格式，在复杂几何体或场景时非常有用。由 Visuallization Toolkit 定义，用来指定顶点和面，Three. js 支持其 ASCII 格式
CTM	由 openCTM 创建，可用来压缩存储表示三维网格的三角形面片
PLY	全称是多边形（Polygon）文件格式，一般用来保存三维扫描仪的数据
PDB	由 Protein Databank 创建，用于定义蛋白质形状，Three. js 可加载并显示

本书借助 Three.js 官网提供的 Three.js - editor 案例工具，二次开发了此三维可视化编辑器框架。将创建好的 THREE.Geometry 通过 THREE.BufferGeometry( ).fromGeometry( ) 转换成 THREE.BufferGeometry 缓存模型，再利用 editor.execute( ) 方法将参数化三维模型添加到 Three.js - editor 编辑器场景内，并且可在 editor 内进行贴图、重命名、属性信息修改等操作，再利用 editor 内部集成的如 STL、DAE、GLTF、OBJ、JSON 等多种 Exporter 组件，可将编辑器场景内的三维模型导出成多种数据格式以供后续下载使用。

7.3 基于 WebGL 的 BIM 模型轻量化技术

7.3.1 WebGL 简介

WebGL 是 2009 年 8 月由 Khronos Group 发布的一种 Web 三维绘图标准，是一套跨平台、开放、免费的底层 3D 图形 JavaScript API，其结构系统如图 7.3 - 1 所示。

WebGL 允许开发人员在浏览器内部实现 3D 图形的硬件加速，它以 OpenGL ES 2.0（OpenGL for Embedded System）为基础，将其放置于 JS 和 HTML5 等网络内容中，通过 GPU 为 HTML5 的画布元素提供三维渲染加速。由于使用 JS 语言进行开发和协同工作，WebGL 与浏览器有良好的交互性。Web3D 开发人员可以直接借助本地设备的 GPU，进行高效的三维场景绘制。

作为一项开放的 Web3D 标准，许多浏览器厂商，包括 FireFox、Google Chorme、Opera 和 Safari 等，以及主流的显卡厂商 AMD 和 Nividia，都增加了对 WebGL 的行业标准底层支持。

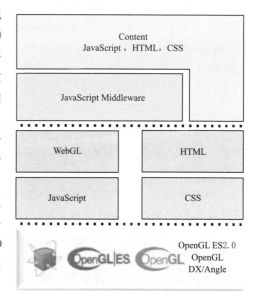

图 7.3 - 1　WebGL 结构系统

7.3.1.1 WebGL 与 OpenGL 关系

OpenGL 是目前应用最为广泛的 3D 图形程序接口，但它主要是针对台式机设计的图形标准，对于移动设备则不适用。因此，Khronos 小组以 OpenGL 2.0 规范为基础，删除了一些多余的或者不适用于嵌入式设备的功能，形成了 OpenGL ES 2.0 标准。而 WebGL 则是以 OpenGL ES 2.0 为基础的 JavaScript 图形接口，WebGL、OpenGL ES 和 OpenGL 三者的关系如图 7.3 - 2 所示。简单地说，WebGL 相当于 OpenGL 的简化版 OpenGL ES 2.0 在 Web 端的应用。

基于 OpenGL 与 WebGL 的关系，对两者进行了简单的分析对比，主要有以下几个方面。

（1）面向的设备类型和适用的领域。OpenGL 主要面向本地 PC 设备，用于台式机的 GPU 图形加速，一般用来开发桌面版的 3D 图形应用。而 WebGL 主要面向移动端设备，

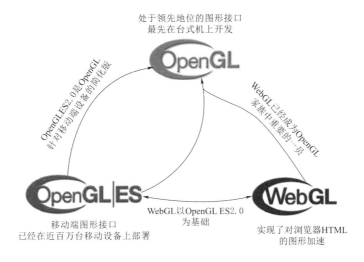

图 7.3 - 2　WebGL、OpenGL ES 和 OpenGL 的关系

如笔记本、平板、手机等，用来开发网页 3D 图形应用。

（2）可编程着色器。OpenGL 和 WebGL 均带有可编程着色器，如顶点着色器（Vertex Shader）、片元着色器（Fragment Shader），着色器的编写语言均为 GLSL。因此，可以把 OpenGL 原代码示例的思想植入到 WebGL 程序中。

（3）功能的简化。OpenGL 相对于其他 GL 图形接口，其功能是最强大的。WebGL 的基础 OpenGL ES 2.0 删减了 OpenGL 很多高级图形函数，而只保留了简单的、高效能的函数，具体主要有：删除了 double 数据类型，加入了定点小数数据类型；删除了 glBegin/glEnd/glVertex 等绘制函数，只保留了 glDrawArrays/glDrawEleents；删除了自动纹理坐标生成、消失纹理代表、纹理 LOD 限定、纹理偏好限定、纹理自动压缩、解压缩等纹理设置函数；删除了混合、反走样、雾化、缓存设置等高级场景设置函数。

7.3.1.2　WebGL 的优势和不足

（1）WebGL 较于其他 Web3D 标准的优势：它是一个开放、统一的标准，任何人都可以使用，不需要支付任何费用；它是跨平台的，可以运行于任何操作系统，以及从手机、平板电脑到桌面电脑的任何设备；WebGL 可以在支持它的浏览器（如 Chrome、Firefox）上运行，无须下载任何插件。同时，它利用本地 GPU 加速图形绘制，可视化绘制速度很快；WebGL 以 OpenGL ES 2.0 为基础，对于具有 OpenGL ES 2.0 编程经验开发人员，或者熟悉台式机 OpenGL 的研发人员而言，WebGL 很容易学习并很快入门。

（2）WebGL 也有其不可避免的缺陷，主要有以下两个方面。

1）安全性问题。浏览器支持 WebGL 会使显卡硬件底层功能直接暴露在恶行代码或 Web 应用程序面前，用户在面对攻击时会束手无策。

2）性能问题。WebGL 毕竟只是 OpenGL 的简化版，因此基于 WebGL 开发的 Web 应用在性能上与本地桌面应用还是有一定的差距

尽管 WebGL 还不够完善，但是瑕不掩瑜，WebGL 仍是 Web 图形开发者的第一选择，它为 Web3D 应用开发指明了新的方向。

7.3.1.3 WebGL 渲染管线

渲染管线也称图形流水线，和工厂提高生产能力和效率的流水线类似，渲染管线则是用于提高显卡的工作能力和效率，所有的图形数据都要经过渲染管线才会被绘制在屏幕上。由于 WebGL 是基于 OpenGL ES 2.0 开发的，因此两者的图形流水线基本类似，具体如图 7.3-3 所示。

WebGL 中，与三维顶点相关的数据，如几何坐标、纹理坐标、颜色等，称为顶点属性（Vertex Attribute）。开发者首先通过 JavaScript 代码调用 WebGL 接口，把有关三维模型的顶点属性绘制信息传给 WebGL 图形流水线，分别通过顶点着色器（Vertex Shader）、图元装配、光栅化、片元着色器（Fragment Shader）等，对顶点属性进行相应操作；然后，通过 GPU 把结果写入到 WebGL 的绘制缓存中，并与 HTML 页面中的其他内容（Canvas 元素）进行组合；最后，将组合内容传到物理帧缓存并显示到计算机屏幕上。

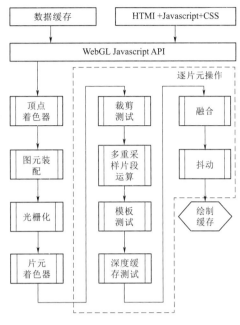

图 7.3-3 WebGL 图形流水线

7.3.2 Revit-JSON 接口实现

7.3.2.1 JSON 数据接口

WebGL 对 Revit 文件无法直接支持，需要转换为其他格式的中间数据文件才能实现 Revit 文件在 Web 端的展示。近年来，JSON 语言以其轻量化、平台无关的特点大受欢迎，其键值对的数据存储方式也更易于编写和解析，作为 BIM 模型二次开发后的中间文件具有很大优势。此外，和传统的 XML 相比，JSON 语言的封装和解析效率更高，传输开销更小，传输效率也更高，更适合 Web 浏览器端和服务器端的数据交换。因此设计 Revit-JSON 接口时，将中间文件定义为 JSON 格式，并划分成几何数据信息区域和属性数据信息区域，将通过 Revit 二次开发导出的 BIM 模型的 OBJ 格式的几何信息数据格式化后存放在中间文件的几何模型区域，将导出的 BIM 模型的 JSON 格式的纹理及属性信息存放在中间文件的属性信息区域，然后通过 JSON 键值对的特点将两个区域中的信息通过统一标识符一一对应。JSON 格式数据都是以键值对的形式存在的，使用 Object、Key/Value 数组、字符串和布尔值的数据结构表示，在 JSON 数据接口定义过程中，数据结构或单值间的关系如图 7.3-4 所示。

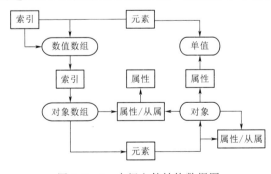

图 7.3-4 中间文件结构数据图

在 Revit 模型转换的过程中，需要导出 BIM 模型的几何信息、材料数据和属性信息，三种信息数据缺一不可，而且要对三种信息进行关联，在 JSON 中间文件中，模型类型、几何数据信息和模型 ID 存储在 geometries 键中，模型材质类型、纹理、光照、颜色和模型 ID 存储在 materials 键中，模型的相关属性信息及模型 ID 存储于 object 键中。中间文件的基本结构数据如图 7.3-5 所示。

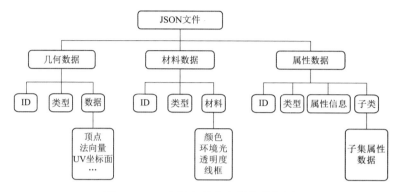

图 7.3-5　中间文件基本结构数据图

在 Revit 软件中建立的三维模型既包括建筑的几何关系和几何信息，也包括建筑的类型、工程数据、工程造价等属性信息，这些信息在工程中具有重要作用，需要通过 Revit API 的二次开发来实现定义的 Revit-JSON 数据接口，从而实现 BIM 模型在 Web 端的轻量化展示。

7.3.2.2　Revit 二次开发

实现 Revit 三维模型在 Web 端的轻量化展示，目前最好的方式是通过 WebGL 技术来实现。WebGL 提供的硬件 3D 加速渲染，提高了三维模型在 Web 端的渲染速度和效率，为实现 BIM 模型轻量化提供了契机。由于 WebGL 开发只支持特定格式的模型的渲染，无法直接支持 Revit 建立的 rvt 格式，因此在此通过 Revit API 的相关属性进行 Revit 的二次开发，获取可以被 WebGL 技术支持的包含引水工程的模型信息的中间格式文件。Revit 二次开发的目标是将 Revit 三维模型建筑文件转换为包含建筑模型几何信息的 OBJ 文件和包含模型属性信息的 JSON 格式的文件，并格式化后存放在 JSON 中间文件中，将 JSON 中间文件导出后再进行 WebGL 开发实现三维模型的轻量化展示、交互及属性查询。

1. 模型信息数据提取

要实现 Revit-JSON 数据接口，需要提取 BIM 模型数据，并导出为需要格式的中间文件。进行具体的 Revit 二次开发工作之前，首先对模型信息的数据提取流程进行设计，该设计主要分为三个部分。

首先，提取模型的三角形面片。通过嵌套多个 IFCLocalPlacement 对象，获取模型的元素对象当前所在的坐标体系，及在绝对坐标系中对应的几何坐标定位。

其次，提取模型的法线数据。提取基本的模型面片的几何数据信息后，还要提取模型的法线数据，对模型的几何信息进行约束和修正。

最后，提取模型的纹理和材质信息。通过 IExportContext 导出类中的 Onmaterial（）方法，获取材质信息的 ID，再通过具体开发获取 Asset 对象，该对象中包含纹理和贴图在内的所有需要渲染的信息。模型数据提取流程设计如图 7.3-6 所示。

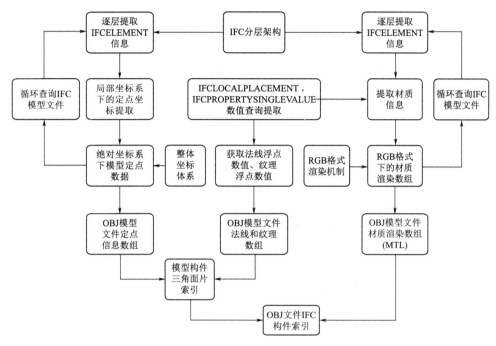

图 7.3-6　模型数据提取流程设计

2. 插件注册及 Revit 二次开发流程

根据 Revit SDK，通过 C♯语言对 Revit 软件进行二次开发，将引水工程的 Revit 模型导出为 OBJ 格式的几何信息和 JSON 格式的属性信息。在 Revit 软件中，模型可以有视图模式、图纸模式、族等，而实现 Revit 模型文件格式转换的插件应该工作在三维视图模式下，所以应该首先判断当前场景是否为三维视图场景，若不是，则弹出提示框提示用户切换到三维视图场景。

本书 Revit 的二次开发通过 C♯语言来进行，在 Visual Studio 平台上，首先引入了 RevitAPI. dll 文件，该文件是 Revit 接口定义文件，可以为 Revit 二次开发提供图形图像的处理接口；之后引入 RevitAPIUI. dll 程序集，该程序集包含 Revit 二次开发过程中需要使用的图形接口，比如 IExternalApplication 接口、IExtemalCommand 接口、IExternalDBApplication 接口等，还包括 TaskDialogs 任务框及菜单类；引入后，根据具体的开发需求和 API 所定义的类及命名空间，通过程序集封装的函数及方法进行相应功能的二次开发。

对 Revit 软件进行二次开发，需要进行外部扩展，在此使用 IExtemalCommand 命令中的 Execute 函数来进行外部扩展，具体的代码实现方式如图 7.3-7 所示。

IExternalApplication 接口常用来添加应用，包括 OnStartup 和 OnShutdown 两个抽象函数，OnStartup 函数用来启动某些指定功能，OnShutdown 函数则在 Revit 关闭时调用，用来关闭指定工作，并释放资源。实现方式如图 7.3 - 8 所示。

```csharp
using Autodesk.Revit.DB;
using Autodesk.Revit.UI;
using Autodesk.Revit.Attributes;
namespace Building
{
    [Transaction((TransactionMode.Manual))]
    public class Building : IExternalCommand
    {
        public Result Execute(ExternalCommandData commandData, ref string messages, ElementSet elements)
        {
            TaskDialog.Show("Title", "New Building");
            return Result.Succeeded;
        }
    }
}
```

图 7.3 - 7　进行外部扩展的 C♯ 代码

```csharp
namespace Building
{
    [Transaction(TransactionMode.Manual)]
    public class App : IExternalApplication
    {
        public Result OnShutdown(UIControlledApplication application)
        {
            TaskDialog.Show("结束", "结束");
            return Result.Succeeded;
        }
        public Result OnStartup(UIControlledApplication application)
        {
            TaskDialog.Show("开始", "开始");
            return Result.Succeeded;
        }
    }
}
```

图 7.3 - 8　IExternalApplicatoin 接口添加应用

使用以上命令添加插件时，Revit 还需要 .addin 注册文件，该文件会自动识别并加载外部文件，具体的 .addin 注册文件如图 7.3 - 9 所示。

```xml
<?xml version="1.0" encoding="utf-8"?>
<RevitAddIns>
  <AddIn Type="Application">
    <Name>App</Name>
    <Assembly>G:\vs2012\AddData\AddSplitData\bin\Debug\AddSplitData.dll</Assembly>
    <AddInId>47b84ff0-4fb6-4ffb-a6d6-c8da69f7a27d</AddInId>
    <FullClassName>AddData.App</FullClassName>
    <VendorId>ADSK</VendorId>
  </AddIn>
</RevitAddIns>
```

图 7.3 - 9　.addin 注册文件

3. Revit 二次开发核心

在 Revit 二次开发的程序编写过程中，重点解决了几何关系、几何数据信息的获取和建筑物各部分材质属性信息的获取两方面的问题。

（1）几何关系、几何数据信息的获取。由于建筑物的构件多是由边和面组成的，在此通过其几何属性 Geometry 获取包含实体、线等几何对象的 Geometry Element 的实例，通过遍历每个实例的 solid 可以获得每个实例的几何实体，再分别通过遍历每个 solid 几何实体的 Faces 属性和 Edges 属性分别获得每个实体的面和每个实体的边，调用 OnElementBegin（）和 OnElementEnd（）方法，来获取模型坐标点。

（2）建筑物各部分材质属性信息的获取。Revit API 专门提供了用于数据导出的类 IExportContext 类，通过自定义一个 MyExporter 类，并继承 IExportContext 类，来实现接口中的抽象方法。通过调用 Onmaterial（）方法，来获取模型的材质信息，主要是材质 ID，根据材质 ID 能获取材质对象的 material，然后获取 Asset 对象，在 Asset 对象中包括材质名称、贴图、颜色、纹理等材质及贴图信息。获取材质属性信息的核心代码如图 7.3 - 10 所示。

```
IExportContext pExport = new CMyExporter();
CustomExporter exporter = new CustomExporter(doc, pExport);

ElementId appearanceId = material.AppearanceAssetId;
AppearanceAssetElement appearanceElem = document.GetElement(appearanceId) as AppearanceAssetElement;
Asset theAsset = appearanceElem.GetRenderingAsset();
//利用 Material 的 AppearanceAssetId 属性得到 AppearanceAssetId
ElementId Id = material.AppearanceAssetId;
//通过上面取得的AppearanceAssetId 得到Appearance Asset Element
AppearanceAssetElement Elem = document.GetElementId as AppearanceAssetElement;
//获得 Asset
Asset Asset = Elem.GetRenderingAsset();
```

图 7.3 - 10　获取材质属性信息的核心代码

Revit 二次开发的核心就是实现 BIM 模型对象的几何信息获取并导出为 OBJ 格式，然后通过格式化后保存到 JSON 中间文件的模型区域，同时实现 BIM 模型对象的贴图、材质属性信息的获取并保存到 JSON 中间文件的属性信息区，即可实现 Revit - JSON 接口，得到包含模型信息的 JSON 文件。Revit 二次开发在这两个核心部分的具体流程如图 7.3 - 11 所示。

7.3.3　Web 端重建与渲染

鉴于 Three.js 框架进行模型可视化显示的优异性能表现，本书所述系统采用 Three.js 进行 Web 端的功能开发。前文导出的工程 JSON 格式中间文件包括几何信息、材料数据和属性信息三部分，将外部文件导入 Three.js 来进行三维场景创建。

（1）首先进行三维场景构建，这里通过 THREE.Mesh 函数来实现，其包含两个参数，其中几何关系由 Geometry 类定义，可获取顶点和片面数组信息，Material 类定义材质属性信息，然后借助函数 gl.texlmage2D 来进行后续的材质信息操

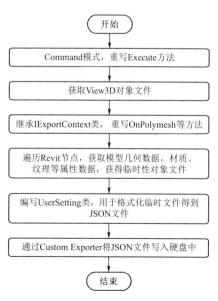

图 7.3 - 11　Revit 二次开发流程图

123

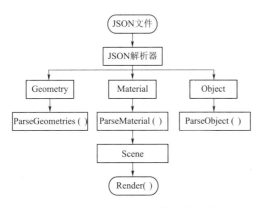

图 7.3－12　JSON 文件解析步骤

作（该函数功能是根据指定的参数来生成 2D 纹理并上传）。

（2）通过 Three.js 进行三维渲染，创建 Scene 进行对象容纳，通过 JS 异步加载 JSON 文件进行解析生成 Geometry，并生成 Mesh 模型再放入 Scene 场景中进行加载。JSON 文件解析步骤如图 7.3－12 所示。

通过 ParseGeometries（ ） 函数对 Geometries 集合中 type 属性进行遍历，并通过 THREE. JSONLoader 函数对引入场景的 Revit 二次开发后的工程 JSON 格式文件解析。在进行上述操作之后，完成在 Render 内的场景渲染。本节重点分析工程 JSON 中间文件的解析和加载，对场景引入基本的光源和相机等的着色、渲染不再进行详细说明。

第8章　BIM/CAE集成设计技术

8.1　BIM/CAE 集成模型

8.1.1　BIM/CAE 集成模型精度

8.1.1.1　BIM 模型精度

在引水工程数字化设计技术的应用过程中，为了实现全要素、全过程、全参与方的协同工作模式，BIM 模型作为包含几何信息、属性信息、材料信息等多源数据的集合，不同项目对 BIM 模型也有着不同的需求，针对 BIM 模型进行差异化的有效管理是一项关键性的工作。

美国关于 BIM 模型精细度的规范是由美国建筑师协会以"多细节层次"（Levels of Detail，LOD）来指称"BIM 模型"中的模型组件在施工期不同阶段预期的"完整性"，并划分了从 100 到 500 的 5 种 LOD。

中国《建筑信息模型设计交付标准》（GB/T 51301—2018）推荐 BIM 模型中的单元应分级建立，根据不同模型单元用途分为项目级模型单元、功能级模型单元、构件级模型单元、零件级模型单元，对模型精细度划分为 1.0 级到 4.0 级，并根据不同工程项目的应用需求扩充模型精细度等级。引水工程 BIM 模型标准需参照水利水电工程 BIM 模型 LOD 标准（部分），见表 8.1-1。

表 8.1-1　　　　　　　　　水利水电工程 BIM 模型 LOD 标准（部分）

详细等级	LOD1.0	LOD2.0	LOD3.0	LOD4.0
场地	占位表示	简单的场地布置	按图纸精确建模	概算信息
压力管道	几何信息（类型、管径等）	几何信息（支管标高）	几何信息（加保温层）	技术信息（材料和材质信息）
涵洞	不表示	几何信息（洞径）	技术（材料和材质信息）	产品信息（供应商、产品合格证）
阀门	不表示	几何信息（绘制统一的阀门）	技术（材料和材质信息）	产品信息（供应商、产品合格证）

水利水电工程 BIM 模型包含模型单元几何信息及几何表达精度、模型单元属性信息及信息深度，几何表达精度划分和信息深度等级划分见表 8.1-2 和表 8.1-3。

表 8.1-2　　　　　　　　　水利水电工程 BIM 模型几何表达精度划分

等　级	英文名	代号	几何表达精度要求
1 级几何表达精度	level 1 of geometric detail	G1	满足二维化或者符号化识别需求的几何表达精度
2 级几何表达精度	level 2 of geometric detail	G2	满足空间占位、主要颜色等粗略识别需求的几何表达精度
3 级几何表达精度	level 3 of geometric detail	G3	满足建造安装流程、采购等精细识别需求的几何表达精度
4 级几何表达精度	level 4 of geometric detail	G4	满足高精度渲染展示、产品管理、制造加工准备等高精度识别需求的几何表达精度

表 8.1-3　　　　　　　　水利水电工程 BIM 模型信息深度等级划分

等级	英文名	代号	等级要求
1 级信息深度	level 1 of information detail	N1	宜包含模型单元的身份描述、项目信息、组织角色等信息
2 级信息深度	level 2 of information detail	N2	宜包含和补充 N1 等级信息，增加实体系统关系、组成和材质，及性能或属性信息
3 级信息深度	level 3 of information detail	N3	宜包含和补充 N2 等级信息，增加生产信息、安装信息
4 级信息深度	level 4 of information detail	N4	宜包含和补充 N3 等级信息，增加资产和维护信息

8.1.1.2　CAE 模型精度

CAE 的核心思想是结构的离散化，即将实际结构离散为有限个规则单元组合。用离散体分析实际结构的物理性能，得到满足工程精度的近似结果，代替对实际结构的分析，解决了许多实际工程需要而理论分析无法解决的复杂问题。

CAE 分析的基本过程是将复杂连续体的求解区域分解为有限和简单的子区域，即将连续体简化为有限元的等效组合；通过离散连续体，解决场变量（位移、应力、压力）的问题，即将其转化为求解有限元节点上的场变量。此时得到的基本方程是代数方程，而不是描述真实连续体场变量的微分方程，近似程度取决于所用元素的类型、数量和元素的插值函数。针对这种情况，业内称之为 CAE 后处理，它代表应力、温度和压力的分布。而 CAE 的预处理模块一般包括实体建模和参数化建模、组件的布尔运算、元素的自动划分、节点的自动编号和节点参数的自动生成、荷载和材料属性直接输入公式的参数化导入、节点载荷的自动生成、有限元模型信息的自动生成等。

从预处理过程中可以看出，CAE 的精度主要由每个 CAE 软件的预处理决定，以 ANSYS 和 ABAQUS 这两款典型 CAE 分析软件为例，进行数值分析时结果的精度主要受各自的前处理划分网格这一步的影响，网格划分越精细，最后得出的结果也就越精确，这也代表了 CAE 软件的精度。

引水工程对应的信息模型复杂，结构设计的校核和优化需要进行 CAE 分析，有利于设计合理应用于实际的工程建设之中。CAE 建模过程的复杂性严重制约了 CAE 分析技术在各行业设计人员中的广泛应用，需要考虑选择建立适当精度的 CAE 模型。

CAE 模型常见的简化方法主要有基于网格的简化、几何体三角片面法、几何模型降维法、几何特征压缩法、子结构模型法等。

几何体三角片面法主要从形状上对 CAD 模型进行优化，用多边形来近似替代原始复杂模型，从而减少后期的网格数目；几何模型降维法是将长的细杆件近似替代为梁，将薄板件用二维平面进行替代；几何特征压缩法通过去除原始模型上对分析影响较小的结构，减少分析时间；子结构模型法是将关注的结构从整体模型中提取出来，加上对应的边界条件，单独进行分析。具体如图 8.1-1 所示。

8.1.1.3　BIM 与 CAE 集成模型精度

引水工程 BIM 与 CAE 集成指的是将建筑信息模型与计算机辅助工程联系起来。实际

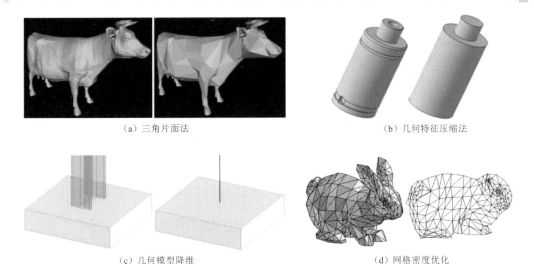

（a）三角片面法　　　　　　　　　　　　（b）几何特征压缩法

（c）几何模型降维　　　　　　　　　　　（d）网格密度优化

图 8.1-1　CAE 模型的优化方法

上在一个工程中，设计常常是一个根据需求不断寻求最佳方案的循环过程，而支持这个过程的就是对每一个设计方案的综合分析比较。一个典型的设计流程如图 8.1-2 所示。

CAD 是作为主要的设计工具，所设计的 CAD 图形包含各类 CAE 系统所需要的项目模型非几何信息（如材料的物理、力学性能），但是缺乏外部作用信息。在进行计算之前，项目团队必须参照 CAD 图形使用 CAE 系统的前处理功能重新建立 CAE 需要的计算模型和外部作用；在计算完成以后，需要人工根据计算结果用 CAD 调整设计，然后再进行下一次计算。在这个过程中，CAE 系统只是被用来作为对已经确定的设计方案的一种事后计算，其作为决策依据的根本作用并没有得到很好地发挥。BIM 模型包含了一

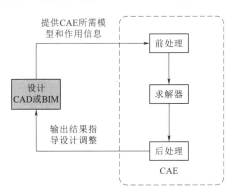

图 8.1-2　典型的设计流程图

个项目完整的几何、物理、性能等信息，CAE 可以在项目发展的任何阶段从 BIM 模型中自动抽取各种分析、模拟、优化所需要的数据进行计算，项目团队根据计算结果对项目设计方案调整以后又立即可以对新方案进行计算，直到满意的设计方案产生为止。因此，BIM 的应用给 CAE 重新带来了活力，两者的集成也更能促进行业的进步和设计理念、思维的不断发展。引水工程 BIM 和 CAE 集成模型精度取决于 BIM 模型精度和 CAE 计算结果精度的最小值，在考虑集成模型精度时不仅要考虑 BIM 模型还要考虑 CAE 系统，要想提高集成模型的精度，就不能只提高两者中的一个。

BIM 的 LOD 精度是堆积细部结构的能力，LOD 反映的是模型的细致程度，提高 LOD 的精度可以提高 LOD 的等级，水利水电工程中最高等级为 LOD4.0，但是每两个等级之间的升级也就是从低级别提高到高级别时需要花费很长的时间。CAE 计算的模型精度是反映模型简化后仍然能表现出关键因素的能力，CAE 计算需要对模型进行细节删除

和降维等简化处理，并不是精度越高计算结果越准确，需要一定的分析经验。

因此，在引水工程 BIM/CAE 集成分析过程中应采用几何表达精度 G 大于模型信息深度等级 N 的 BIM 模型，将细致、复杂、真实的 BIM 模型简化为抽象的、不包含过多附属细节的 CAE 分析模型，应用于网格剖分、定义单元属性、设定接触关系等 CAE 集成分析环节。

未来 BIM 设计人员需要具备一定的 CAE 分析能力，对 CAE 模型特点有一定的了解，设计人员在进行 BIM 正向设计时，就会考虑到集成 CAE 分析的需要，并在建立 BIM 模型过程中融入 CAE 建模思想，才能解决应用过程中 BIM/CAE 集成模型精度选择的问题。

8.1.2 BIM/CAE 集成模型扩展

8.1.2.1 BIM 模型扩展

引水工程设计阶段涵盖河流规划、预可行性研究、可行性研究、招标设计和施工图设计 5 个阶段，涉及地质、测绘、水工、机电、金属结构、施工、造价、监测等众多专业，各专业业务之间既有一定的独立性，又有密切的相关关系。因此，BIM 的模型既要满足各专业设计的需要，涵盖设计基础数据获取、参数化建模、仿真分析等；同时也要满足专业间的协同交互，包括设计资料及设计成果互提、联合会签、设计成果交付等。

结合引水工程设计本身包含众多专业的特点，需使用 IFC 标准领域层中的建筑领域、施工管理领域、电气领域、结构分析领域和结构元素领域的实体定义。同时作为典型的土建类工程，也需使用共享层中的板（IFCSlab）、柱（IFCColumn）、梁（IFCBeam）等共享建筑元素定义，以及项目订单（IfcProjectOrder）、项目成本（IfcCostItem）等共享管理元素。由于引水工程涵盖水闸、底板、闸板、渡槽、倒虹吸、暗涵等众多功能性的水工建筑物，因此为描述这些功能性建筑物，需添加水工领域。除此之外，在领域层还应补充地质领域，用于描述地质勘探要素和地质模型。扩展后的引水工程 IFC 体系如图 8.1-3 所示。

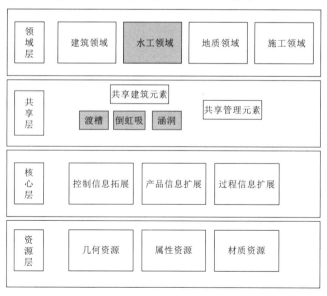

图 8.1-3 扩展后的引水工程 IFC 体系

8.1.2.2 CAE 技术扩展

CAE 技术是一门涉及许多领域的多学科综合技术，引水工程 CAE 技术拓展也可以从 CAE 的关键技术入手，找到技术拓展的需求和可能性。其关键技术有以下几个方面。

（1）计算机图形技术。在 CAE 系统中表达信息的主要形式是图形，特别是工程图，在引水工程设计中工程图尤为重要。在 CAE 运行的过程中，用户与计算机之间的信息交流是非常重要的，交流的主要手段之一就是计算机图形。因此，计算机图形技术是 CAE 系统的基础和主要组成部分，是 CAE 技术得到拓展的基础和关键。

（2）三维实体造型。工程设计项目和机械产品都是三维空间的形体。在设计过程中，设计人员构思形成的也是三维形体。CAE 技术中的三维实体造型就是在计算机内建立三维形体的几何模型，记录下该形体的点、棱边、面的几何形状及尺寸，以及各点、边、面间的连接关系。该技术是 CAE 技术拓展的落地点，也就是具体表现形式，拓展的最终结果也就是与引水工程 BIM 三维模型相结合。

（3）数据交换技术。CAE 系统中的各个子系统、各个功能模块都是系统的有机组成部分，它们都应有统一的几类数据表示格式，从而保证不同的子系统间、不同模块间的数据交换顺利进行，充分发挥应用软件的效益，而且应具有较强的系统可扩展性和软件的可再用性，以提高 CAE 系统的生产率。为了在各种不同的 CAE 系统之间进行信息交换及资源共享，也应建立 CAE 系统软件均应遵守的数据交换规范。国际上通用的标准有 GKS、IGES、PDES、STEP 等。这个技术是 CAE 技术拓展的必要条件，正是因为有了数据交换的标准才使得 CAE 拓展时的数据交换问题得以解决。

（4）工程数据管理技术。CAE 系统中生成的几何与拓扑数据，工程机械，工具的性能、数量、状态，原材料的性能、数量、存放地点和价格，工艺数据和施工规范等数据必须通过计算机存储、读取、处理和传送。这些数据的有效组织和管理是建造 CAE 系统的又一关键技术，是 CAE 系统集成的核心。采用数据库管理系统（Database Management System，DBMS）对所产生的数据进行管理是最好的技术手段。该技术可以说是 CAE 技术拓展的核心，可以协调拓展。

在引水工程 CAE 技术中，CAE 的个性化定制也是 CAE 技术的一种拓展。CAE 的个性化定制是将 CAE 技术更好地推广到工程实践的比较好的方式。CAE 技术的门槛比较高，对于水利行业而言也面临更多的成本输出，而通过个性化定制能够有效降低该成本，同时也能大大节省 CAE 技术在实际设计和制造中的应用成本。个性化定制 CAE 技术最有效的手段是二次开发技术，现阶段市面上有很多可以支持二次开发的 CAE 软件，比如之前提到的 ABAQUS、ANSYS 等。

随着国内水利行业对 CAE 技术应用重视程度的增加，行业对于 CAE 分析的要求也就更多，对所能达到的效果的期待值也更高。在满足这些需求的条件下，CAE 技术的拓展可以更加真实地还原结构的工作运行环境，结合大量的分析经验做出最有效的 CAE 分析，为产品的设计和制造提供强有力的支持。

8.1.2.3 BIM 与 CAE 集成模型扩展

集成模型拓展就是结合 BIM 模型与 CAE 技术，在引水工程 CAE 技术应用中，实现 BIM 模型中 IFC 标准的拓展，利用统一的 IFC 数据格式使得数据转换更加简单、适用和方便。集成模型拓展让不同数据格式在不同的 CAE 应用领域里可以相互调用，从而保证了 IFC 建筑信息模型在 BIM 数据库输入输出过程中的正确性和完整性，并且可以保证建筑信息模型数据不会缺失和损坏。

集成模型的拓展不仅要考虑 BIM 模型的拓展，还要考虑 CAE 技术的拓展，两者作为集成模型的主体部分，要充分发挥各自的优势，将 BIM 与 CAE 结合，共同促进引水工程设计水平的提高。

8.2　BIM/CAE 集成数据标准

8.2.1　BIM/CAE 数据融合标准

8.2.1.1　数据融合技术

数据融合技术是指利用计算机对按时序获得的若干观测信息，在一定准则下加以自动分析、综合，以完成所需的决策和评估任务而进行的信息处理技术。它包括对各种信息源给出的有用信息的采集、传输、综合、过滤、相关及合成，以便辅助人们进行条件判定、规划、探测、验证、诊断。在军事领域广泛应用于自动目标识别、自动驾驶导航、遥感、战场监测等，在非军事领域广泛应用于环境监视、机器人技术和医疗技术。

1. 数据融合方法

由于引水工程数据量庞大、数据结构复杂，数据信息难以有个统一的标准，因此，在引水工程中借用数据融合的概念来为引水工程服务。通常意义上的数据融合可以分为数据层融合、特征层融合和决策层融合。

（1）数据层融合。数据层融合是最低层次的融合，直接对原始的数据进行处理。优点是保留了原始信息，信息损失很少；缺点是融合的局限性较大，只能够对单个或者相同类型的数据信息进行处理，计算量较大。

（2）特征层融合。模型层融合是处于三种融合中间层次的融合，较为智能化。优点是对原始的数据进行了提取和处理再进行融合，在数据量上降低了，相应的计算量减少；缺点是信息损失会带来数据精度的下降。

（3）决策层融合。决策层融合在三者中是最高层次的融合，是最高层面的智能化融合，是建立在模型融合的基础上对于最终的处理结果进行综合的决策。可以对不同类型的数据进行融合，计算量小，容错和抗干扰性较强，但是缺点也是显而易见的，数据信息损失较大会带来精度的下降。

随着工程建设行业 BIM 技术的不断发展，对数据的准确性和广泛覆盖性提出了更高的要求，在此基础上，不同的数据融合模型被引进应用于引水工程设计建设过程中。现阶段，比较常用的数据融合方法主要有：表决法、模糊逻辑、贝叶斯法、神经网络、卡尔曼滤波法、D-S 理论等方法。

结合数据融合层次的划分，对数据融合方法的归纳总结见表 8.2-1。

2. 各种数据融合方法的优缺点

由于各种融合方法的理论、应用原理等的不同，呈现出不同的特性。从理论成熟度、运算量、通用性和应用难度四个方面对各种融合方法进行优缺点的比较分析，具体内容如下。

表 8.2-1		数据融合层次及对应方法	
融合层次		方 法	
数据层		最小二乘法、最大似然估计、卡尔曼滤波法、神经网络	
特征层	基于参数分类	统计法	经典推理、贝叶斯方法、D-S理论
		信息论技术	神经网络、聚类分析法、逻辑模板法
	基于认知模型		表决法、模糊集合论、模糊数学法
决策层		表决法、贝叶斯推理、D-S理论、神经网络、模糊逻辑	

（1）理论成熟度方面：卡尔曼滤波、贝叶斯法、神经网络和模糊逻辑的理论已经基本趋于成熟；D-S理论在合成规则的合理性方面还存有异议；表决法的理论还处于逐步完善阶段。

（2）运算量方面：运算量较大的有贝叶斯法、D-S理论和神经网络，其中贝叶斯法会因保证系统的相关性和一致性，在系统增加或删除一个规则时，需要重新计算所有概率，运算量大；D-S理论的运算量呈指数增长；运算量适中的有卡尔曼滤波法、模糊逻辑和表决法。

（3）通用性方面：在这六种方法中，通用性较差的是表决法，因为表决法为了迁就原来产生的框架，会割舍具体领域的知识，造成其通用性较差；其他五种方法的通用性较强。

（4）应用难度方面：应用难度较高的有神经网络、模糊逻辑和表决法，它们都是模拟人的思维过程，需要较强的理论基础；D-S理论的应用难度适中，视其合成规则的难易而定；卡尔曼滤波法和贝叶斯法应用难度较低。

8.2.1.2 BIM 与 CAE 数据融合标准

实现 BIM 数据与 CAE 计算数据融合的前提是要有统一的数据格式标准，在这里就不得不重新提到 BIM 中的 IFC 标准。为达到数据更好融合的目的，IFC 数据模型在不丢失信息的前提下要进行适当的压缩。因为对于一些项目来说，过度冗余的 BIM 运行维护模型不仅会造成应用软件占用过大计算机内存，导致 BIM 模型的解析、渲染等过程变得吃力，也会降低需求信息的搜寻速度，影响轻量化显示效果。BIM 模型轻量化显示有以下解决方案。

1. 几何转换

在几何转换过程中，微观层面的优化可以将一个个单独的构件进行轻量化，比如一个圆柱体，通过参数化的方法做圆柱的轻量化等。

宏观层面的优化可以采用相似性算法减少图元数量，做图元合并，比如保留一个圆柱的数据，对于其他圆柱空间坐标的记录并引用即可。通过这种方式可以有效减少图元数量，达到轻量化的目的。

2. 渲染处理

在渲染处理过程中，微观层面的优化是利用多重 LOD（Levels of Detail）加速单图元渲染速度，多重 LOD 用不同级别的几何体来表示物体，距离越远加载的模型越粗糙，距离越近加载的模型越精细，从而在不影响视觉效果的前提下提高显示效率并降低存储。根据公式：单次渲染体量＝图元数量×图元精度，可以得到两点结果：①视点距离远的情况下，图元数量虽然多，但是图元精度比较低，所以体量可控；②在视点距离近的情况下，图元精度虽然高，但是图元数量比较少，体量依然可控。

宏观层面的优化可以采用遮挡剔除、减少渲染图元数量的方法，对图元做八叉树空间索引，然后根据视点计算场景中要剔除掉的图元，只绘制可见的图元；也可以采用批量绘制、提升渲染流畅度的方法。建模绘制调用占用大量 CPU，并且通常会造成 GPU 时间闲置，为了优化性能、平衡 CPU 和 GPU 负载，可以将具有相同状态（例如相同材质）的物体合并到一次绘制调用中，这叫作批次绘制调用。

轻量化技术方案主要从几何转换、渲染处理两个环节着手进行优化，权衡技术利弊及应用需求，而理想的技术方案为：①轻量化模型数据=参数化几何描述（必须）+相似性图元合并；②提升渲染效果=遮挡剔除+批量绘制+LOD。

另外多线程调度、动态磁盘交换、首帧渲染优化也可以大大加速渲染效率。利用开发系统间数据接口和数据模型轻量化解决方案，可以达到在不丢失模型信息的前提下将不同 BIM 模型进行整合，并可支持轻量化发布至现有的 BIM 建管平台的目的。

BIM 模型轻量化发布后，其数据量将会大大减少，在不考虑数据格式的情况下，单从数据量的角度出发会使 BIM/CAE 数据融合效果更优。

IFC 文件信息全面而翔实，模型数据量较大，对浏览器端的数据处理性能要求较高。根据实际需求以 IFC 格式进行模型的快速读取和加载时，对 IFC 文件的数据部分进行解析处理。IFC 文件结构复杂、信息丰富，从底层对 IFC 文件进行解析需要深入研究 Express 标准语言，耗时费力。为了实现 IFC 文件的灵活解析，可以使用 Xbim 工具包作为解析工具，读取 IFC 格式文件的模型信息，以实现自定义文件格式的保存。

利用 Xbim 进行 IFC 文件的读写，将 IFC 格式文件信息解析到 model 对象当中，然后借助 Xbim. Geometry 将 model 当中的几何数据读取出来并保存在 mesh 对象当中，完成 IFC 文件属性数据和几何数据的解析，实现 IFC 文件的数模分离，如图 8.2-1 所示。IFC 文件轻量化主要是从微观层面和宏观层面对几何数据进行简化与压缩，在微

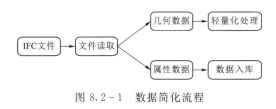

图 8.2-1　数据简化流程

观层面通过参数化几何描述、三角化几何描述等方式实现几何信息的简化表达，在宏观层面利用构件几何复用算法实现相似性图元的合并。

8.2.2　BIM/CAE 数据转换方法

8.2.2.1　基于数据接口的 BIM/CAE 数据转换

（1）CAE 软件自带图形/数据接口。大多数 CAE 软件都提供了与 BIM 软件进行数据共享和交换的数据接口。使用这些接口转换模型，只需要在 BIM 软件中将建好的模型使用"另存为"或"导出"命令，保存为 CAE 分析软件能识别的标准图形文件，如 ANSYS 里的 IGES 或 SAT 文件格式，然后将该图形文件导入有限元分析软件后再进行模型拓扑结构修改即可。例如：在 CIVIL3D 软件与 ANSYS 软件之间进行数据转换时，可以先把 CIVIL3D 中的模型输出为文件 SAT，然后在 ANSYS 中导入文件 SAT，再输入命令

/facet 即可生成 ANSYS 中的分析模型。

该方法的缺点是只能处理较简单的模型，复杂模型转换时会发生线面丢失、图元无法转换等问题，甚至发生模型不能识别的问题。

（2）在 CAE 与 BIM 软件之间开发接口程序。CAE 与三维建模软件之间是没有接口的，可以进行二次开发，建立两者之间的接口程序。例如在 UGNX 和 ANSYS 之间开发接口程序：利用 UGNX 的二次开发工具 GRIP 语言调用 UG 内部数据库，分析和提取三维模型的相关参数，并转化成 ANSYS 能接受的数据格式；用 ANSYS 提供的 APDL 函数接收、分析来自 UG 的数据文件，并自动完成三维模型各单元的有限元离散过程。

（3）在 BIM 与 CAE 之间建立统一的标准化的数据转换文件格式。由于 BIM 与 CAE 软件分别由不同软件公司研发，它们之间的图形/数据接口没有统一的标准，因此，可以建立统一的数据转换标准，以便于数据转换。例如：现在大部分 BIM 与 CAE 软件都可以导入或导出文件格式 IGES（可以用 ASCII 和二进制两种格式来表示），可以将其定为标准数据转换格式。对于没有该文件格式的软件，可以在其内核上添加支持该文件格式的代码，使其支持该文件格式。

（4）在 BIM 与 CAE 软件之间建立专用接口配置，实现二者真正意义上的无缝连接。以 HyperMesh 软件作为中间处理软件为例，虽然具备主流有限元计算软件接口，如 NAS-TRAN、ABAQUS、ANSYS、PATRAN 等，但与不同平台下的 BIM 软件的专用接口仍有缺失。可以借助 HyperWorks 应用程序内嵌的 Tcl/Tk 脚本语言嵌入，调用程序的内置函数与接口，以实现条件、逻辑控制，根据不同用户需求进行针对 BIM 软件专门的二次开发。

8.2.2.2 引水工程 BIM/CAE 数据转换方法

HyperMesh 主要有两种建立 CAE 模型的方式，一种是按照创建节点、单元的次序生成有限元数值计算模型，还有一种方式是通过导入 CAD 模型进行网格划分得。采用第二种方式建立 CAE 模型，利用 Tcl 脚本对 HyperMesh 软件进行二次开发，实现对 CAD 模型的自动化网格划分。

为使 BIM 模型可用于 CAE 计算，首先需要将 BIM 模型格式转换为能够用于 CAE 计算的通用 CAD 格式。在进行模型格式解析引水工程模型的处理过程中，通过 Python 脚本将模型属性信息存入数据库中，通过提取 IFC 标准格式文件中的模型特征信息，重组为 Collada 格式文件，在通过 MAXScript 脚本打开 Collada 文件执行处理操作，得到符合要求的工程构件。与此同时，3d Max 模型支持多种满足 HyperMesh 要求的 CAD 接口，如 ACIS SAT、ATF IDES 等，因此本书采用 MAXScript 脚本进行分割处理后导出 . DAE 格式文件的同时，导出此工程构件块 . SAT 格式文件，用于 CAE 计算。数据转换的过程融入模型处理、模型格式转换的过程中（图 8.2-2），具体步骤如下。

（1）提取 IFC 文件 BIM 模型的特征信息，将属性信息存入数据库，根据 Collada 格式文件组装特征信息得到 . DAE 格式文件。

（2）根据参数，使用 Python 脚本调用 DOS 命令行打开 3d Max 应用程序并运行 MAXScript 脚本，实现分区处理，分别导出 . DAE 格式文件与 . SAT 格式文件，前者经过格式转换后供 Cesium 调用，后者用于 CAE 计算。

（3）读取数值模型信息库中进度、材料分区、网格设置等信息，使用 HyperMesh 对

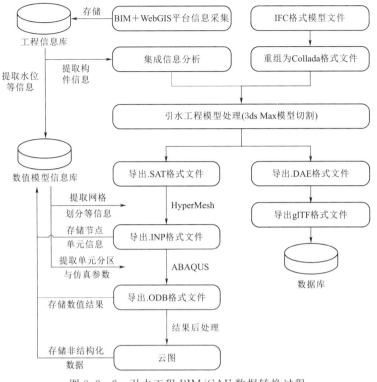

图 8.2-2　引水工程 BIM/CAE 数据转换过程

模型进行前处理，实现网格剖分、单元分区等功能，导出 ABAQUS 求解器支持的 .INP 格式文件，将节点、单元信息存至数据库中。

（4）将 .INP 格式文件导入 ABAQUS，通过 Python 脚本提取数据库中单元分区域仿真参数，进行材料赋值、边界条件设置，提交至求解器进行计算，输出 .ODB 格式文件，解析文件后将数值计算结果存入数据库，并将后处理得到的云图存入非关系型数据库。

8.3　BIM/CAE 集成方法

8.3.1　BIM/CAE 信息转换

8.3.1.1　数据转换接口实现

引水工程 BIM 设计行业没有专用的三维设计软件，行业内主流 BIM 软件主要有 Autodesk 系列、Bentley 系列、CATIA 系列。

Autodesk Inventor 软件提供的有限元分析模块是调用了 ANSYS 软件的网格划分和数值计算的内核技术，使得在建模、施加力和施加约束方面都有了更为方便的操作。但是目前集成到 Inventor 中的 ANSYS 模块，是一个相当简单的模块，现实中许多分析需求会超过这个模块的能力。这时可以选择将当前分析信息输出到一个特殊文件中，这种文件可以被 ANSYS WorkBench 系统接收数据，并进一步执行更复杂的分析。

Bentley 暂无对应的有限元分析软件接口。

CATIA 与有限元分析软件 ABAQUS 的数据共享机制为：① 无须使用接口，ABAQUS 直接导入 CATIA 的零件文件或装配文件，但是该方案不支持模型的动态更新；②通过 ABAQUS FOR CATIA 接口，把 ABAQUS 求解器内嵌在 CATIA 内，在 CATIA 中直接进行求解计算。

BIM/CAE 数据转换是基于自研的接口程序来实现的，由于 BIM 建模软件没有与 Hypermesh 和 ABAQUS 之间的数据传输接口，因此需要对 BIM 模型数据进行转换，建立与 Hypermesh 软件的数据接口，才可进行后续的自动化剖分、分析计算等操作。

（1）接口程序内 BIM 模型简化处理：由于该接口程序的最终目标是将 BIM 模型用于有限元软件进行仿真分析，因此在相对复杂的工程结构中，如果某些细部或附属结构对主体结构受力状态影响较小，则会自动进行忽略或简化处理。例如，轴线为弧形的隧洞可以简化为直线，同时可以忽略调压井间的连通廊道等附属结构。同时，由于有限元计算中要求网格单元中不含有曲面，因此接口程序中也设定了对含有曲面的 BIM 模型进行相应处理的程序。

（2）非几何数据信息处理：对于非几何数据信息，主要是材料属性等相关参数，利用 Inventor 官方推荐的 C♯ 语言编写二次开发脚本，通过 Element.get_Parameter（string name）函数获取各个元素的所有参数，遍历参数名称找到需要进行提取的参数值，并获取不同构件的 Guid 作为数据检索的唯一标志，将每个构件的各项所需非几何信息提取出来对接到 SQL Server 数据库对应的属性信息数据表内进行存储，为后续提取和修改属性信息提供数据基础。

（3）模型整体剖切划分：对于大部分经过第（1）步简化处理后的三维实体模型，该三维实体模型本身可以通过其 X、Y、Z 三个方向中某两个方向的投影草图来唯一确定，因此，通过在上述两个方向的投影草图而生成的剖切面可以用于将该三维模型划分为所需的若干"实体单元"。

（4）Hypermesh 二次开发：利用 Hypermesh 进行有限元计算模型的前处理过程，并进行二次开发，利用三维剖切中获得的"实体单元"的几何拓扑信息（各个单元的顶点个数与相应的顶点坐标）与附加属性信息（各单元名称与类别），将得到的所有"实体单元"进行转换，并通过数据接口与数据库中对应材料属性信息进行双向绑定，最终得到类型和材料属性一一对应的"网格单元"。

8.3.1.2 整体三维模型剖切

首先对整体三维模型的几何信息进行提取，目的是在两个方向上生成整个三维模型的投影草图，然后根据投影草图生成剖面。确定用于生成剖面的几何图形集后，即可以开始提取几何图形集的几何信息，并在两个方向上生成投影草图，如图 8.3-1 所示。

模型重构的重点和难点在于如何识别该模型在两个方向上投影草图的外轮廓线，一旦提取出

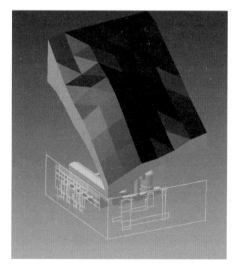

图 8.3-1　几何体集合投影草图

这两组外轮廓线即可分别将两者沿各自的法线方向拉伸成体，进而通过两个体的"布尔交运算"重构出新的三维模型，如图 8.3-2～图 8.3-4 所示。

图 8.3-2　几何信息提取模型重构

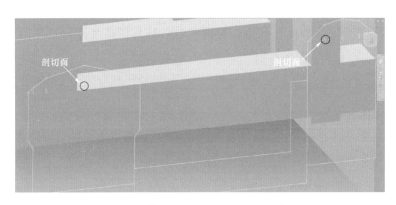

图 8.3-3　依据重构后的圆弧生成的剖切面

分割整个 3D 模型的剖切面平面主要是工作平面，在 Inventor.Net API 对应于 WorkPlane 类。生成工作平面的方法是将草图线段分别存储为集合，然后分别遍历每个集合中的草图线段，循环时创建草图平面垂直的线段，包括直线部分的工作平面，最后再把对应的线段删除，如图 8.3-5 所示。

完成剖切面的生成工作之后，开始对相应的用于剖切的整体三维模型进行剖切，生成一个整体模型后，遍历各个剖切生成的"实体单元"，并对其进行识别和分类，以便下一步进行分析计算，如图 8.3-6 所示。

8.3.1.3　有限元网格单元重构

在完成整体模型剖切生成"实体单元"之后，需要提取出"实体单元"BIM 模型的几何信息，

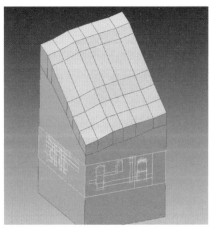

图 8.3-4　用于剖切的地质体重构

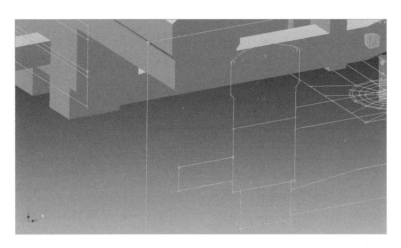

图 8.3-5 由生成的投影草图所创建工作平面

并以此转化成与之一一对应的"网格单元"CAE 模型。

各个"实体单元"在 Inventor . Net API 中都是一个 SurfaceBody 对象，通过循环每一个 SurfaceBody 对象并遍历其顶点集合（Vertices）属性可以获得所有"实体单元"的各个顶点坐标信息；然而由于相邻"实体单元"共用顶点的缘故，如此遍历会存储重复的顶点数据，因此本次研究在编写程序时采用 Microsoft SQL Server 数据库的存储和查询技术，建立"网格节点表"和"网格单元表"，前者用于存储不重复的节点编号和节点坐标，后者用于存储单元编号和单元所有的节点编号，通过结构化查询语句（SQL）在每次获得顶点坐标数据后均判断"网格节点表"中是否已经存在该节点，如果不存在则将该节点存入"网格节点表"中并为该节点创建相应的节点编号，同时将该节点编号添加至此"实体单元"的节点编号列表变量中；如果已经存在该节点，则直接将该已存在的节点编号添加至此"实体单元"的节点编号列表变量中。待此"实体单元"所有顶点遍历完毕后，则将其节点编号列表变量中的所有节点编号信息录入至"网格单元表"中，同时为该单元创建相应的单元编号。

Hypermesh 是一款强大的有限元前处理软件，为 BIM 模型向 CAE 模型的转换提供了一系列高效的有限元网格剖分工具，其创建的网格单元模型与多款 CAE 数值仿真分析软件存在数据接口。对 Hypermesh 进行二次开发采用的是 Tcl 语言，创建用于控制 Hypermesh 操作的命令流文件。

网格单元重构的方法可以按照如下的步骤进行，具体流程如图 8.3-7 所示。

（1）循环遍历每个"实体单元"，在进行几何信息提取的同时，并将创建单元分组、创建节点和单元的 Tcl 语句字符串写入文件类型为 Tcl 的文本

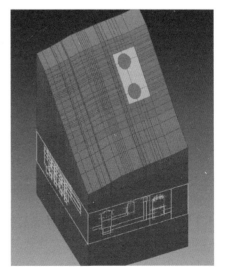

图 8.3-6 剖切体区域 A 剖切后的效果图

文件。

（2）将 Tcl 文本文件输入 Hypermesh 中生成网格单元。完成图 8.3-7 中的程序流程即完成了创建网格单元的 Tcl 文本文件的编写，将生成的 Tcl 文本文件输入 Hypermesh 后，即可自动生成有限元网格模型，如图 8.3-8 所示。

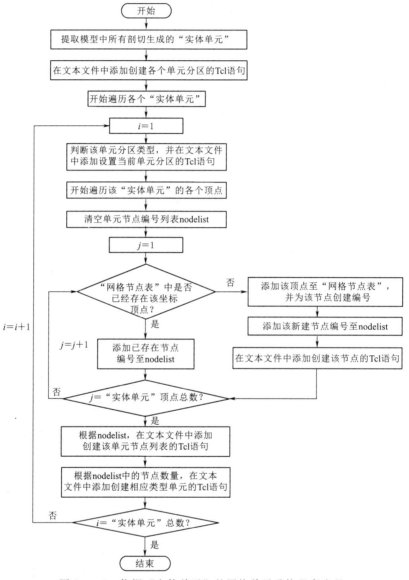

图 8.3-7 依据"实体单元"的网格单元重构程序流程

8.3.1.4 有限元数值仿真计算模型快速生成

在有限元网格单元模型的基础上，再为网格单元赋予相应的材料类型、边界条件和荷载才可生成有限元数值仿真计算模型。

有限元数值仿真计算模型中单元材料类型的赋值，可以根据在生成有限元网格单元模型时建立的单元分区进行实现，设计者通过为不同名称的单元分区类型设置对应的材料属性信息，并事先将信息存储在数据库中，便可在有限元网格单元模型导入至有限元计算软件后通过编程读取数据库并自动为不同分区单元赋予相应的材料类型。此方法可大大简化流程，节省时间，快速生成有限元数值仿真计算模型。

有限元数值仿真计算模型中边界条件和荷载的赋值，可以依据设计者在进行模型设计时事先存储在数据库中的模型边界条件信息（坐标范围、边界条件类型）和荷载信息（坐标范围、荷载类型和数值），在有限元网格单元模型导入至有限元计算软件后通过编制软件二次开发程序读取数据库，并通过节点坐标搜索为选出的节点赋予相应的边界条件和荷载。

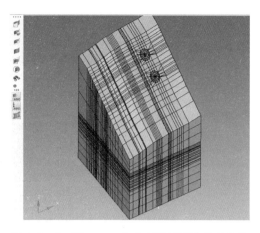

图 8.3 - 8　Hypermesh 中有限元网格单元重构

上述软件二次开发程序的编制需要根据数值仿真分析所采用的有限元计算软件进行定制。下面以本次研究选用的 ABAQUS 有限元计算软件为例，介绍对其进行二次开发的一些关键性流程。

（1）材料类型创建及单元材料赋值：①打开 CAE 模型；②创建材料类型（Material1）；③事先通过编程查找出属于不同材料类型的单元，并将其单元编号根据材料类型分行进行存储（各单元编号以逗号隔开），然后通过 Python 语句，读取每一行的单元编号创建单元组，最后给每一个单元组赋予相应的材料。

（2）模型边界条件及荷载设置：①通过编程，根据节点坐标查找出属于不同边界条件的节点，并将其节点编号根据边界条件类型分行进行存储（各节点编号以逗号隔开）；②通过 Python 语句，读取每一行的节点编号创建节点组，给每一个节点组赋予相应的位移条件；③模型荷载设置（即节点应力边界条件）的编程实现过程与边界条件设置类似；④施加重力。

通过上述流程，给图 8.3 - 8 中的有限元网格模型施加材料、边界条件和重力后，计算获得的模型第三主应力和综合位移如图 8.3 - 9 所示。

8.3.1.5　有限元数值仿真计算模型动态更新

在传统的设计分析流程中，CAD 作为主要设计工具，CAD 图形本身没有或极少包含各类 CAE 系统所需要的项目模型非几何信息（如材料的物理、力学性能）和外部作用信息，在能够进行计算以前，项目团队必须参照 CAD 图形使用 CAE 系统的前处理功能重新建立 CAE 需要的计算模型和外部作用；在计算完成以后，需要人工根据计算结果用 CAD 调整设计，然后再进行下一次计算。

由于上述过程工作量大、成本过高且容易出错，因此大部分 CAE 系统都被用来对已经确定的设计方案进行事后计算，而 BIM 信息模型包含了一个项目完整的几何、物理、性能等信息，CAE 可以在项目发展的任何阶段从 BIM 模型中自动抽取各种分析、模拟、优化所需要的数据进行计算，因而，项目团队根据计算结果对项目设计方案调整以后又立

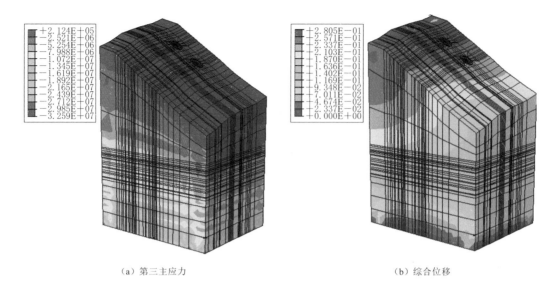

（a）第三主应力　　　　　　　　　　　（b）综合位移

图 8.3-9　有限元网格模型在 ABAQUS 中的计算结果

即可以对新方案进行计算，直到最佳的设计方案产生为止。

当 CAE 的分析结果无法满足工程实际需要时，需要针对计算结果进行以下分析。

（1）若模型本身设计出现问题，则需要从建模进行修改，根据 8.1 节处置内容重新生成有限元数值仿真计算模型。

（2）若模型的荷载、边界条件、材料分区需要进行调整，无须针对模型本身进行手动调整。由于不同名称的单元分区类型设置对应的材料属性信息已经事先存储在数据库中，因此边界条件和荷载的赋值即可依据事先存储在数据库中的模型边界条件信息（坐标范围、边界条件类型）和荷载信息（坐标范围、荷载类型和数值）。在将有限元网格单元模型导入至有限元计算软件后，可通过编制软件二次开发程序来读取数据库，并可以节点坐标搜索的方式为选出的节点赋予相应的边界条件和荷载。

因此，操作人员只需针对数据库进行简单修改，即可根据有限元网格单元模型再次自动生成计算模型，实现模型动态更新。

8.3.2　BIM/CAE 集成有限元分析

8.3.2.1　BIM/CAE 集成分析

对于引水工程 BIM/CAE 集成分析包含两个研究方面，分别是建立 BIM/CAE 联动机制与 BIM/CAE 反馈机制。BIM/CAE 联动机制是指从 BIM 至 CAE 的正向转换过程，BIM/CAE 的反馈机制是将计算结果反馈至 BIM 的过程。

将基于 BIM 几何模型与信息参数，以脚本驱动的方式，采用 HyperMesh 软件完成网格划分与单元分区，通过 ABAQUS 实现材料、荷载、边界条件等设置，输出有限元数值仿真模型分析计算，从而建立 BIM/CAE 联动机制；通过 Python 脚本将输出结果存入数据库，利用系统实现 CAE 结果反馈，建立 BIM/CAE 反馈机制；最终实现引水工程 BIM/CAE 集成有限元分析，实现过程如图 8.3-10 所示。

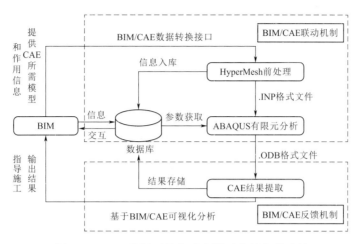

图 8.3 - 10 BIM/CAE 集成有限元分析实现过程

8.3.2.2 BIM/CAE 联动机制

1. HyperMesh 前处理

在有限元分析中，获得高精度分析结果的重要条件是建立高质量的网格单元模型。利用 Tcl 脚本对 HyperMesh 软件进行二次开发，建立前处理自动化流程，实现模型网格划分、单元分区等操作。HyperMesh 前处理工作流程如图 8.3 - 11 所示。

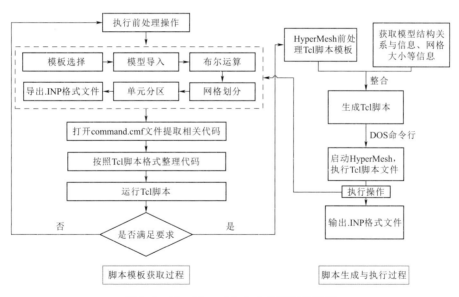

图 8.3 - 11 HyperMesh 前处理工作流程

下面以 HyperMesh13.0 版本为例，说明 HyperMesh 前处理工作流程，并说明二次开发过程中的一些关键性 Tcl 脚本语句。

（1）模板选择。在有限元分析中，不同的求解器对前处理模型的要求不同，因此在进行有限元前处理之前，要选用与求解器对应的模板类型。本书采用 ABAQUS 作为有限元求解器，使用 *templatefileset 语句选用 Abaqus 模板类型。

143

（2）模型导入。针对不同引水工程，以构件为单位将 .SAT 格式文件导入 HyperMesh 软件中；采用 ＊renamecollector 对模型重命名，与数据库 ID 建立对应关系，方便将模型与数据库中的信息建立映射关系，部分代码如图 8.3－12 所示。其中 inputdir 代表文件路径。

```
*setgeomrefinelevel 1
*feinputwithdata2 "#ct\\acis_reader" inputdir 1 0 −0.01 0 0 1 0 1 0
*renamecollector components "body_0" "1−1"
```

图 8.3－12　模型导入部分代码

（3）布尔运算。将相邻建筑物模型、地基与建筑物模型进行布尔运算。根据数据库中不同构件之间的关系，对构件进行布尔运算操作。针对相邻建筑物构件，进行 ｛A－B，B｝操作；针对建筑物与地基构件，进行 A＋B 操作，实现共面处理，部分代码如图 8.3－13 所示。

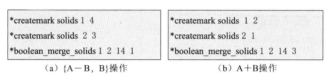

```
*createmark solids 1 4
*createmark solids 2 3
*boolean_merge_solids 1 2 14 1
```
（a）｛A－B，B｝操作

```
*createmark solids 1 2
*createmark solids 2 1
*boolean_merge_solids 1 2 14 3
```
（b）A＋B 操作

图 8.3－13　布尔运算部分代码

（4）网格划分。首先循环遍历每个构件，利用 HyperMesh 自带网格生成算法划分 2D 网格，其中 i 代表构件编号，elementsize 代表网格大小；然后在此基础之上，划分 3D 网格，其中 compname 代表构件名称，每个构件名称使用引号标引并用顿号隔开；最后删除 2D 网格。部分代码如图 8.3－14 所示。

```
#2D网格划分
*elementorder 1
*createmark surfaces 1 i
*interactiveremeshsurf 1 elementsize 0 0 2 1 1
*set_meshfaceparams 0 2 0 0 0 1 0.5 1 1
*automesh i 2 0
*storemeshtodatabase 1
*ameshclearsurface
#3D网格划分
*createvarchararray 2 "pars: upd_shell fix_comp_bdr" "tet: 99 1.2 2
0 0.5 0"

*createmark components 2 compname
*tetmesh components 2 1 elements 0 −1 1 2
```

图 8.3－14　网格划分部分代码

（5）单元分区。根据数据库中不同构件的材料类型，建立 Component 分区，将相同材料分区的单元移至相应分组中，并为不同的分区设置对应的材料属性名称，并存至数据库中。

（6）导出.INP 格式文件。为了实现整个系统的自动化流程，使用 Python 脚本执行 DOS 命令行，以带 Tcl 文件名的方式启动 HyperMesh，执行 Tcl 脚本文件。

.INP 格式文件是 ABAQUS 软件的输入文件，文件包含历史数据与模型数据两部分。前者定义了模型的进展，如荷载、边界条件等数据；后者用于定义有限元模型，包含节点、单元、材料等与模型自身相关的数据。文件以 * HEADING 开头，其次是模型数据，最后是历史数据。关键词行均以"*"开始，后面紧接着是选项名称，然后是选项内容；数据行紧跟关键词行；通过标签对面、集进行命名。文件结构如图 8.3－15 所示。

图 8.3－15 .INP 文件结构

利用 Python 脚本解析.INP 文件，提取节点、单元、单元类型上传至 MySQL 数据库的节点信息表、单元信息表中，数据表的结构设计分别见表 8.3－1 和表 8.3－2。

表 8.3－1　　　　　　　　　　　　　　　　节点信息表结构设计

字段含义	节点 ID	节点 x 坐标	节点 y 坐标	节点 z 坐标	所属单元
数据类型	int	float	float	float	varchar

表 8.3－2　　　　　　　　　　　　　　　　单元信息表结构设计

| 字段含义 | 单元 ID | 节点 ID | | | | 单元类型 | 单元分区 |
		Nid1	Nid2	...	Nid$n$		
数据类型	int	int				varchar	float

利用 Python 脚本获取数据库中有限元计算参数，并对 ABAQUS 软件进行二次开发和有限元自动分析计算。

2. ABAQUS 有限元分析

ABAQUS 有限元分析主要包含两部分，分析工作流程如图 8.3 - 16 所示。首先通过材料设置、分析步设置、荷载设置、边界条件设置等过程建立有限元数值仿真计算模型，然后提交至求解器对模型进行求解。

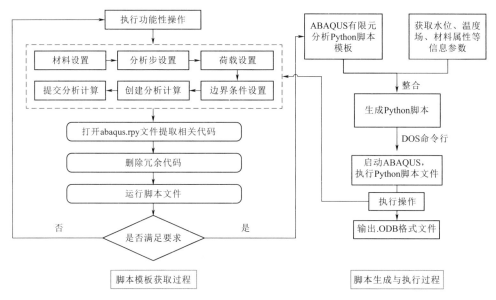

图 8.3 - 16　ABAQUS 有限元分析工作流程

在 HyperMesh 前处理得到有限元网格单元模型的基础上，采用 ABAQUS 有限元软件为网格单元赋予材料类型及参数、边界条件、荷载情况，建立有限元数值仿真模型和分析求解。

（1）材料类型建立及单元材料赋值。材料属性赋值可根据前处理时建立的材料分区进行，通过 Python 脚本读取数据库中不同单元分区，为单元组赋予相应的材料信息。

（2）分析步设置。根据需要设置地应力分析步、静力通用分析步等。

（3）边界条件及荷载设置。根据节点坐标筛选数据库中属于不同边界条件、不同荷载下的节点，建立分组，使用 Python 脚本读取相关分组的节点赋予边界条件、模型荷载，并且施加重力，需要时导入温度场，其中荷载、温度场等根据现场实际条件进行添加。

（4）生成有限元数值仿真计算模型后，创建分析作业进行求解。

8.3.2.3　BIM/CAE 反馈机制

ABAQUS 求解器计算结束后，生成输出数据库文件。输出数据库文件扩展名为 .ODB，其包含 ABAQUS/Viewer 模块后处理需要的所有结果数据。为了建立 BIM 与 CAE 计算结果的关联关系，需要提取 CAE 计算结果，对其进行简化并添加必要附加信息，存储在结构化数据库中；通过 ABAQUS/Viewer 模块后处理实现场变量的输出，将生成的云图以图片的格式存储至非结构化数据库。CAE 结果提取与存储流程如图 8.3 - 17

所示。

实现 BIM/CAE 反馈需要提取的数据包含节点信息、单元信息、节点结果信息表,在 8.3.1 章节已介绍节点、单元信息数据表结构,不再赘述。节点结果信息表包含 CAE 计算模型中的节点编号、施工时间及数值计算结果,如主应力与位移分量,以确保施工状态与计算结果的一致性,节点结果信息表结构见表 8.3-3。

根据结果数据格式采取不同的存储方式,结构化数据采用 MySQL 数据库进行存储,并建立索引、分区、分表等机制,方便数据管理与调用;图片等非结构化数据存储至 MongoDB 数据库。利用 BIM 信息管理优势,实现异构数据的集成管理与展示。

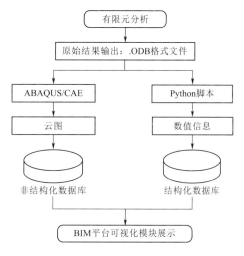

图 8.3-17 CAE 结果提取与存储流程图

表 8.3-3 节点结果信息表结构

字段含义	节点编号	施工时间	主应力		位移分量		
			σ_1	σ_3	x	y	z
数据类型	int	timestamp	float	float	float	float	float

通过建立节点结果信息表与节点信息表之间的视图关系,可关联 BIM 与 CAE 数据,建立对应关系。同时基于 Cesium 平台查看各种形式的计算结果,形成 BIM/CAE 数据实时交互展示的动态机制。通过点击模型调用与之关联的结构化、非结构化数据,建立动态交互查询机制,实现 CAE 数据在 BIM 模型基础上的集成与融通,为可视化模块提供数据基础。选取特殊工况分析引水工程结构安全状况,将有限元数值计算结果与标准值进行对比,判断存在的风险与风险存在的位置。借助 Cesium 平台的 camera.flyTo 方法将相机视角转换至风险位置,用 Cesium.Color.fromAlph 方法将其高亮显示,实现风险预警。

第9章 滇中引水工程数字化设计应用

9.1 工程简介

9.1.1 滇中引水工程概况

由昆明、曲靖、玉溪、楚雄四城构成的滇中城市群，是云南省经济社会发展和城镇化水平最高的区域，经济总量占全省的近60%。滇中城市群处于金沙江、澜沧江、珠江和红河的分水岭上，是云南降水量比较低的地区。大部分地区年降水量在600～900mm，且蒸发量很大，人均水资源量为1150m³，仅为云南平均水平的22%。与此同时，滇中城市群经济社会发展所需水资源只能维持到2025—2030年，目前的清水海调水、掌鸠河引水和正在推进落实的牛栏江调水等工程，都是为了满足城市发展对水资源的需求。

滇中引水工程初拟以迪庆藏族自治州德钦县金沙江奔子栏河段为取水水源，受水区包括丽江、大理、楚雄、昆明、玉溪、红河6个州（市）的30个县（区），其中玉溪境内输水干渠长89.9km，涉及红塔区、江川区、通海县。设计年调水量34.2亿m³，渠首流量达145m³/s，输水总干渠全长877km。

工程的建设以解决受水区城镇生活与工业用水为主，兼顾农业和生态用水，可以有效改善滇中地区的缺水情况，解决滇池的水环境问题，保障滇中乃至云南省未来国民经济持续稳定发展的重大民生工程。

9.1.2 滇中引水工程数字化设计平台建设

9.1.2.1 设计思路与原则

以保障工程安全、供水安全为导向，针对全面提升滇中引水工程的设计水平的需求，编制覆盖全面、系统科学、技术先进、创新实用的滇中引水信息化工程总体方案。建立BIM＋GIS的数字工程平台和云数据中心。应用数字工程、混合现实和工程物联网等技术，全面实时感知工程设计信息、技术信息、建设过程信息等全要素的工程大数据，创建滇中引水工程各参建方在线协同的智能应用场景和工程指挥中心实体环境。滇中引水工程建成后，工程数据的在线率达到90%，指挥中心过渡为调度运行中心，形成以工程大数据为基础、智能应用为核心、智慧设计为"愿景"的智慧滇中引水工程。大幅提高工程质量，增强工作效能，提升执行能力、协调能力和创新能力。

为了保证平台在正常情况下能够高效、安全地运行，并实现预期的功能，平台在设计过程中遵循以下原则。

（1）实用性原则。实用性原则是衡量软件质量体系中最重要的指标，是否与业务结合紧密，是否具有严格的业务针对性，是系统成败的关键因素。系统菜单和界面按照工程习惯设计，数据的录入和输出格式均采用工程惯用形式，尽量不打乱工程人员的工作模式和习惯，使系统更适用，且宜于推广。

（2）可靠性原则。系统采用分布式设计，模块扩充性好，系统总体构架灵活，以便于根据实际网络吞吐量和工作需要而动态地扩充，能容纳巨大的负载和多用户的访问量，系统结构模块化设计易于扩充。系统硬件和集成软件均采用世界知名公司推出的产品，保证了系统硬件和集成软件的稳定可靠；同时系统经过相当数量的模块化调试和整合调试，排除了所有探测出的编译和运行错误。

（3）先进性原则。系统开发应该把握住开发内容实现手段、方法的先进性。"系统开发"本身的目的就是要系统化、效率化地解决问题，保证解决问题手段、方法的先进性，才能真正保证系统的先进和价值体现。系统采用当前先进的硬件设备，先进的网络连接平台，先进的表示层、业务逻辑层、数据访问层开发技术，先进的编程方法，先进的求解算法，在保证系统先进性的同时，并体现出若干方面的超前性。

（4）安全性原则。系统必须有高安全性，并对使用信息进行严格的权限管理，在技术上，采用严格的安全和保密措施，确保系统的可靠性，保密性和数据的一致性，具体包括：①口令认证保护，防止非法进入系统；②用户授权，给不同的用户以特定的权限，防止对数据的越权访问；③目录和文件权限，限制对重要数据和文件的操作；④对系统需要调用的外部模块采用动态链接库技术进行代码封装；⑤对系统需要调用的过程文件数据进行加密与解密操作。

（5）鲁棒性与可扩充性原则。系统应具有较高的容错能力，有较强的抗干扰性。对各类用户的误操作应有提示或自动消除的能力。此外，系统的硬件和集成软件应具有可扩充的能力，不可因软硬件扩充、升级或改型而使原有系统失去作用，并且开发保留多个软件接口，以保证软件的可扩充性。

（6）模块化原则。系统开发采用模块化的思想，在保证各个模块之间正常连接的情况下，最大限度地提高各个模块独立运行实现功能的能力。此外，系统建立的各个模块具备较强的封闭性和开放性，能够被其他程序调用，并具有较好的可扩充性。

9.1.2.2 框架设计

智慧滇中引水工程数字化设计平台从总体框架分为五层，即综合展示层、业务应用层、应用支撑层、数据中心层、基础设施层，如图9.1-1所示。

综合展示层是整个智慧滇中引水工程系统的对外窗口，提供与水利部门、环保部门、用水部门、各参建单位、会商专家、调度指挥中心工作人员、滇中引水建管局、系统运行维护管理人员的访问接口，也是智慧滇中引水工程应用系统的一个形象展示窗口。

业务应用层是智慧滇中引水工程的核心功能层，即系统以业务应用为导向。业务应用层包括基于GIS+BIM滇中引水工程全要素全过程基础图形平台、资源共享系统、智慧设计系统等。

应用支撑层即业务应用的基础服务平台和中间件平台，主要包括数据接入、数据服务、GIS+BIM、模型算法分析、大数据管理、基础支撑等功能。主要为应用层提供服务支撑，包括统一用户管理、统一服务管理、统一工作流程管理、数据交换控制中心、统一消息平台、决策辅助平台、数据审核、数据入库、数据整编、数据查询、数据标准、数据资源、GIS场景、BIM模型、基础功能、空间分析、水质预警分析模型、水质调度分析模型、水量智能调度模型、调度联动控制模型、工程健康评价模型、数据清洗、数据转换、数据分析、资料整合、数据存储、权限管理等。

数据中心层是滇中引水工程信息系统的数据中心。在技术上，数据资源管理中心由数据库管理系统（DBMS）、数据库维护系统、大数据功能模块和数据产品等功能模块组成，从而实现对应用支撑层的数据需求的精确响应，对外实现合适的数据产品服务。主要包括

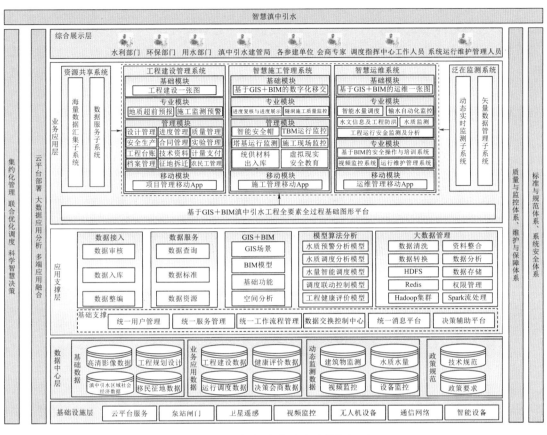

图 9.1-1 智慧滇中引水总体框架图

信息资源库、数据治理、大数据中心、数据共享交换服务等。

基础设施层由滇中引水管理局统筹建设，基础设施层包括云平台服务、物联网设施、泵站闸门、卫星遥感、视频监控、无人机设备、信息安全设备、运行维护管理设施、通信网络、计算机网络设备、智慧感知系统等。基础设施层是智慧滇中引水工程信息化系统的载体，承担着数据采集、网络通信、保障系统安全运行等基本功能。

9.1.2.3 平台建设

1. 统一私有云平台

私有云架构主要包括：基础设施即服务（IaaS），可提供基于虚拟基础设施的动态可扩展资源；平台即服务（PaaS），构建于 IaaS 之上，可通过添加大量应用均使用的标准化服务堆栈来简化应用开发；软件即服务（SaaS），其构建于 PaaS 之上，根据实际业务需要所构建的通用性软件系统，并且 SaaS 服务可在未来进行扩展，以便为与组织内的其他业务应用进行协作提供支持。

IaaS 为一套支持私有云的虚拟化多租户基础设施提供计算服务，通常以带有相关存储和网络连接的虚拟机（VM）形式存在。它可使不同业务的多个应用无缝共享通用的基础物理资源，例如服务器和存储。无须购买物理服务器、软件、数据中心空间和网络设备，组织内的各业务平台可通过虚拟机的方式获得这些资源。

通过在大型服务器资源池中整合物理资源，例如服务器、存储构架和网络宽带等，可以进一步提高池内资源利用率，从而实现能效提升。同时还可以支持实施更先进的服务，如平衡物理服务器和存储构架之间的工作负载。工作负载平衡借助于虚拟机实时迁移而实现，后者可在一个资源池中的各物理资源之间迁移虚拟化应用，整个过程对用户完全透明，不会中断应用所提供的服务。随着时间的推移，可以利用不断改进的技术，针对运行在这种共享多租户环境中的应用进一步提高服务安全和服务质量，如图9.1-2所示。

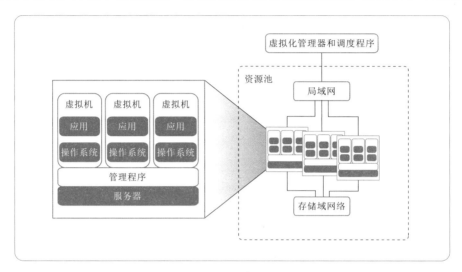

图 9.1－2　私有云 IaaS 资源池

PaaS 构建在 IaaS 基础环境之上，为开发人员提供了针对应用研发的标准平台，同时帮助他们减轻维护服务器操作系统等大部分传统任务（例如补丁安装、配置和监控）的负担。借助 IaaS 功能，PaaS 可实现平台动态响应需求，每个平台组件可根据需要进行扩展和收缩，进而满足应用在生命周期各个阶段的不同需求。

PaaS 构架推动了应用环境的标准化，其提供了行业标准企业计算堆栈，每个堆栈为开发人员提供了一套标准的功能，包括一个数据集、Web 服务器、身份验证与授权服务和一个应用服务器角色。开发人员可以根据需要调整其应用以应对不断变化的环境，同时还可以通过应用内的 API call 调用来获取适当的 IaaS 和 PaaS 服务。

SaaS 构建在 PaaS 之上，为组织业务应用提供了标准的、行业通用的软件应用平台，用户可以基于私有云中的 SaaS 标准服务快速构建企业通用业务平台；并且 SaaS 标准服务还提供了基于 Web Service 的标准服务接口，可以方便地将 SaaS 服务集成到组织内的特定业务应用平台。

就组织私有云架构而言，IaaS 构建了组织内业务系统运行的可扩展的平台，而 PaaS 与 SaaS 则是建立在 IaaS 基础之上供企业实际运行业务的平台。智慧滇中引水大数据业务平台系统，利用现有主流的开发技术和实现手段进行统一私有云平台建设，保证了平台稳定性，提供了较好的数据服务质量和安全性。

2. 统一数据共享平台

智慧滇中引水综合应用系统的建设需要各方数据的汇集与共享，同时需要与各参与方已有的业务平台和其他第三方平台进行数据接入和资源共享,必要时需要为后期运行维护平台提供数据推送服务。

统一的数据共享平台能够支持不同种类数据库,兼容多种格式数据文件,除了能实现自身系统数据的共享,并可以此为基础与已有项目管理、行政管理相关平台和第三方平台的数据库进行对接,实现业务相关数据的实时汇集和共享,并能够根据实际需求提供必要的数据推送服务。同时,平台能够监控数据库服务器的运行状态,智能优化数据库资源,从而保证数据传输的及时性和高效性。

3. 统一应用支撑平台

统一应用支撑平台,能够将滇中引水工程分散、异构的应用和信息资源进行聚合,通过统一的访问入口,实现结构化数据资源、非结构化文档和互联网资源、各种应用系统跨数据库跨系统平台的无缝接入和集成,提供一个支持信息访问、传递和协作的集成化环境,实现个性化业务应用的高效开发、集成、部署与管理;并为不同应用系统提供量身定做的访问关键业务信息的安全通道和个性化应用界面,使得不同系统可以浏览到相互关联的数据,进行相关的事务处理,为智慧滇中引水工程业务应用做好底层技术支撑。

4. BIM+GIS信息展示平台

滇中引水涉及较大单体工程、长线工程和大规模区域性工程,如泵站、管道、隧洞等,同时也包含河道、山体地形等各种类型的模型数据,致使工程全生命周期中区域宏观管理与单体精细化管理并存、水利工程的地理空间数据与工程管理数据并存,如图9.1-3所示。因此,需要BIM+GIS平台来融合地理空间与工程模型,连接各类数据,满足多层次需求。

图9.1-3 BIM+GIS信息展示平台

通过BIM+GIS引擎平台,能够实现跨领域的空间信息和模型信息的集成,从宏观上把控整个长距离引水工程的状态指标;同时高精度BIM模型作为GIS大场景数据来源,能够在宏观的基础上聚焦到局部各个领域,深化多专业协同应用。通过宏观和微观的数据集成,为数据挖掘、分析及信息共享提供数据可视化及展现平台,增强数据的表达方式。

9.1.2.4 安全体系设计

滇中引水工程严格根据技术与管理要求进行设计。首先应根据本级具体的基本要求设计本级系统的保护环境模型,根据《信息系统等级保护安全设计技术要求》,保护环境按照安全计算环境、安全区域边界、安全通信网络和安全管理中心进行设计。同时结合管理要求,形成如图9.1-4所示的三级系统安全保护环境框架。

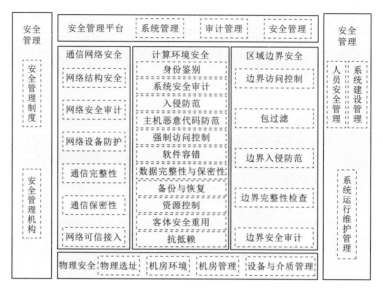

图 9.1-4 三级系统安全保护环境框架

依据三级保护的技术要求,详细对应关系见表9.1-1。

表 9.1-1 等级保护技术方案《信息系统等级保护安全设计技术要求》对照表

区域	要 求	详 细 描 述
通信网络	数据传输完整性、保密性	数据传输完整性、保密性保护
	网络可信接入保护	防止设备的非法接入
	安全审计	安全管理中心集中管理
区域边界	边界访问控制	设置访问控制策略,对进出安全区域边界的数据信息进行控制,阻止非授权访问
		流量控制,保证高峰期的带宽
	包过滤	通过设置安全控制策略,通过报文的五元组及应用的信息来过滤报文
	边界入侵防范	大流量攻击防护
		入侵检测、防护
		未知威胁防护
		恶意代码防范
		威胁溯源、网络溯源
	边界完整性检查	对外部非授权设备私自联到内部网络的行为进行检查
		内部网络用户私自联到外部网络的行为进行检查
	边界安全审计	安全管理中心集中管理

续表

区域	要 求	详 细 描 述
计算环境	身份鉴别	主机、应用的身份鉴别
	强制访问控制	服务器、计算机终端操作系统加固，数据库系统、应用系统等重要资源的强访问控制
	系统安全审计	服务器、计算机终端等虚拟主机的日志审计及数据库的安全审计
	数据完整性	校验重要数据在存储过程中的完整性，以发现其完整性是否被破坏
	数据保密性	确保用户数据在存储和处理过程中的保密性
	程序可信执行保护	入侵防范、恶意代码防范
	配置可信检查	系统的安全配置信息形成基准库，实时监控或定期检查配置信息的修改行为
管理中心	系统管理	对系统的资源和运行进行配置、控制和管理
	审计管理	对分布在系统各个组成部分的安全审计机制进行集中管理
	安全管理	对系统中的主体、客体进行统一标记，对主体进行授权，配置一致的安全策略

9.2 系统应用

9.2.1 滇中引水工程数字化测绘

9.2.1.1 引水工程中的数字化测绘技术

1. 数字化原图技术

数字化原图技术是数字化测绘技术中的基础技术，运用矢量扫描仪器输入大比例原图，测量人员可直接运用计算机展开数据分析转化，对数据及原图信息进行精准分析。在应用数字化原图技术时，应构建相应的数据系统，确保数据图像可被良好应用，并以高质量原图数据为支撑，获得清晰直观的测量图像，同时图像存储在数据系统内，最大程度保证了图像资源的完整，同时工作人员可运用电子设备查看测量图像，较为便捷。

2. 数字化成图技术

数字化成图技术是确保引水工程图绘制精度的关键技术，该技术具有成本低、设备少、准确性高的特点，可有效提高引水工程图效果，确保引水工程图可真实反映区域内的地质、水文情况。为进一步保证成图质量，应与 GPS 系统、RTK 技术、GIS 技术等形成联动，尽可能减少测量干扰，以此保证引水工程图应用效果。引水工程图绘制期间主要应用 AutoCAD 等绘图软件，完成数据、图像间的转换过程，并在绘图软件的帮助下完成图纸查找与便捷修改，人工成本较低且成图质量较高。

3. 数字化遥感技术

数字化遥感技术的应用需以大比例尺图像为基础，调查引水工程数据，通过遥感技术采集关键信息，经加工处理后获得引水工程图像，为后续工程建设奠定基础。数字化遥感技术应与其他测绘技术相配合，最大程度确保数据精准性，降低发生工程施工意外状况的

157

概率。数字化遥感技术,主要运用各类传感器获得工程数据,将数据输入计算机后进行整合,以此为基础形成地貌图像,为后续工程施工奠定基础。

4. RTK 测量技术

RTK(Real-Time Kinematic)测量技术多用于测量引水工程中的高程、渠道管线、变形数据,最大程度提高各测量点数据准确性。渠道管线数据在引水工程测量作业中具有长度长、分布广的特点,导致渠道管线相关数据的测量难度较高,传统人工测量难以满足数据精准度要求,而 RTK 测量技术可实现渠道管线的快速定位,继而获得准确数据。待引水工程竣工时,可运用 RTK 测量技术检查引水工程是否存在变形情况,并观测变形程度,为工程变形调整作业提供依据。RTK 测量技术多应用在室外,执行外业测量作业时,应尽可能选择无高压线、大功率无线电发射源的视野开阔区,避免测量仪器遭受信号干扰,若引水工程项目范围内存在旧测量点,应在校准核验后使用原测量点。

5. GIS 技术

GIS 技术在各类测绘测量作业中均发挥不可替代的作用,通过提取空间地理信息获得详细数据及图形。GIS 技术应用时须构建数据库,便于测量人员检索与查询测量数据,在获得实测数据的基础上绘制引水工程图,明确 GIS 空间模型,并通过 GIS 空间模型分析获得地理图形,促进引水工程项目顺利建设。引水工程测量人员可通过操作 GIS 系统进数据管理,将数字化测绘技术所得数据输入其中,逐步构建成引水工程数据库,经数据处理后即可得到精准测量结果。六分仪、经纬仪、水准仪为传统测量方式所应用的仪器设备,测量期间易受到各类因素制约而无法获得准确数据,且会产生较长的测量周期,工程成本较高。GIS 系统的应用转变了信息获取方式,同时可在 GIS 系统帮助下动态化监测引水工程建设情况。

6. 无人机测绘技术

在部分引水工程项目中,采用直升机开展巡检测量作业,但成本较高。为弥补直升机测绘缺陷,可引入无人机测绘技术,引水工程测量人员根据实际情况制定与预设无人机飞行航线,无人机在执行测量数据时自动航行,并采集引水工程所需数据。无人机完成数据采集后将直接传输到地面设备系统中,实现实时数据分析,此外,若在数据分析期间发现数据异常或航线偏离,可及时调整无人机飞行航线,以此保证无人机测绘效果。无人机测绘技术可与 GIS 系统、三维建模软件达成联动,搭建引水工程区域性三维模型,明确范围内不规则堆体距离与形状,以此高质量完成引水工程测量作业。以地质勘察测量为例,可运用无人机广泛收集数据信息,预测滑坡、泥石流等灾害,确保引水工程项目顺利推进。

9.2.1.2 滇中引水工程数字化测绘方案设计

为满足滇中引水工程建设所需,分析了现有数字化测绘技术,主要采用数字化原图技术、数字化成图技术、GIS 技术、GPS 系统完成该引水工程测量工作。在该引水工程中,借助矢量图扫描仪器进行数据采集,将软件处理后将数据转化为工程地形图。应用数字化原图技术时应注意重视测绘原图与测量结果间的联系,尽可能避免误差。本次技术应用时,为提高测量精准度,应用特征匹配与最小二乘匹配,引入多级影像金字塔匹配算法,保证该引水工程项目中所获得的图像连接点可均匀分布,据计算,本次匹配精准达 0.1 个像素。数字化原图可与引水工程区域情况相配合，可通过灵活调整图片匹配度确保图像效果，且数字化原图技术无重叠度、加密区信息限制，因此在该带状工程案例中，数字化原图技术发挥了良好的效果，由于工程案例并非测量全部区域，而是仅测量无数字正摄影像图与数字线划地图的部分，因此在引水工程测量期间，采用内外部一体化的模式展开工作，并运用数字化成图技术提升工作效率，缩减测绘作业成本。数字化成图技术在工程案例应用期间，仅在部分辅助设施的帮助下就完成了工程测量工作且效果优异。此外，引水工程测量人员在完成模块提取的基础上获得高精度点云，以此为基础生成数字高程模型数据，用以真实呈现引水工程测区地形地貌，在数字高程模型数据与空三成果支持下，调整正射影像，并纠正匀光，统一色调和分幅处理，最终获得了反映引水工程实际情况的标准影像。

GPS 系统为导航定位系统，具有三维定位与导航功能，在空间星座系统、用户设备系统帮助下，可实现对引水工程的全天候定位导航。在案例工程测量期间，主要运用 GPS 系统完成了待测点、线、面的精准定位，并借助 GPS 系统处理模块，将数据转化为三维坐标。GPS 系统在该次引水工程测量作业中切实发挥出了其高精度优势，在距离引水工程测量基线 50km 内，所得图像精度为 1×10^{-6}。在实际应用期间，根据引水工程测量要求确定 GPS 选点，并做好埋设标号，将 GPS 接收装置安装在埋设点处，使无线电发射源与 GPS 接收装置之间存在至少 50m 间隔，同时保证 GPS 接收装置 15° 范围内无任何障碍物，设定观测模式，即可完成 GPS 观测。借助地理信息系统完成了空间模型搭建，确保该工程在后续建设施工中仍可应用到精准数据及相应地理图像。在滇中引水工程测量作业执行期间，将所收集到的数据均输入至 GIS 系统内，实现了数据整合，为数据查看应用提供了便利。

使用电磁波三角高程法控制高程，使用全站仪（HY02）从两条路线（左侧 TC01、GOSF、GPSE；右侧 TC02、GOSF、GPSE）同时测量，两条路线于一点（GPSE）集合，形成高程测量回路。为了避免大气折光对高程测量的影响，使用对向观测方法完成测量，尽量选择平缓路线进行测量。完成每日测量后数据自动上传至系统中，便于数据分析。

9.2.2　滇中引水工程数字化勘察

9.2.2.1　数字化勘察系统优势及特点

1. 系统优势

（1）基于浏览器/服务器（B/S）结构。B/S 是现在国际主流的 IT 技术。基于 B/S 模式的三层体系结构将表示层、应用逻辑、数据资源层分布到不同的单元中，使系统具有良好的扩展性，可支持更多的客户，可根据访问量动态配置 WEB 服务器、应用服务器，系统容易扩展且维护简单，代码可重用性好。因此，平台的建设建立在 B/S 结构基础上。与传统的 C/S（客户机/服务器）体系结构相比，B/S 系统结构存在如下优点。

1）客户端零维护。在三层体系结构中，几乎所有的业务处理都是在 App Server 上完成的，客户端只需要安装支持 WebGL 的浏览器即可，不需额外的安装和配置工作，也就不存在客户端维护的问题，真正实现了"客户端零维护"。在处理业务时，操作员可以直接通过 Web 浏览器访问 Web Server 进行业务处理工作。

2）安全性好。在三层体系结构中，客户端只能通过 Web Server 而不能直接访问数据库，这大大提高了系统的安全性。如果系统需要更高的安全性，还可以通过防火墙进行屏蔽。

3）可扩展性好。三层体系结构可扩展性的优势体现在以下方面：①商务逻辑与用户界面及数据库分离，使得当用户业务逻辑发生变化时只需更改中间层的控件/组件即可；②便于数据库移植。由于客户端不直接访问数据库，而是通过一个中间层进行访问，因此在改变数据库、驱动程序或存储方式时无须改变客户端配置，只要集中改变中间件上的持久化层的数据库连接部分即可。

4）资源重用性好。由于将业务逻辑集中到 App Server 进行统一处理，三层体系结构可以更好地利用共享资源。例如：数据库连接是一项很消耗系统资源、影响响应时间的工作，在三层体系结构中可以将数据库连接放在缓冲池中统一管理，由不同应用共享，并有效控制连接的数量。

（2）基于大型数据库。目前市场上主要的数据库系统有 DB2、Oracle、MS SQL Server 等。这些数据库可以将结构化、半结构化和非结构化文档的数据直接存储到数据库中。可以对数据进行查询、搜索、同步、报告和分析等操作。数据可以存储在各种设备上，从数据中心最大的服务器一直到桌面计算机和移动设备，它都可以有效控制数据。

（3）基于中间件技术（应用服务器）。应用服务器可使系统具备良好的可扩充性、扩展性、维护方便、开发速度快性的特性。由于应用了中间件技术，利用 EJB 封装业务逻辑和业务规则，分离了表现逻辑（图形界面）和业务逻辑（业务流程），同时也分离了业务逻辑和数据存储。可以根据系统的需求及其业务规模，方便快捷地搭建其商务系统，实现其具体业务，且系统在安全性、可重用性等都有较好的表现。

2. 系统特点

滇中引水数字化勘察设计系统功能框架如图 9.2-1 所示。

滇中引水数字化综合勘察设计阶段具有以下特点。

（1）保证勘察设计阶段决策正确。在勘察设计阶段，设计人员需要对拟建项目的选址、方位、外形、结构形式、耗能与可持续发展问题、施工与运营概算等问题做出决策，BIM 技术可以对各种不同的方案进行模拟与分析，且为集合更多的参与方投入该阶段提供了平台，使得做出的分析决策在早期得到反馈，保证了决策的正确性与可操作性。

（2）更加快捷与准确地绘制 3D 模型。BIM 软件可以直接在 3D 平台上绘制模型，并且所需的任何平面视图都可以由该 3D 模型生成，准确性更高且直观快捷。

（3）多个系统的设计协作提高了设计质量。BIM 整体参数模型可以对建设项目的各系统进行空间协调、消除碰撞冲突，大大缩短了设计时间且减少了设计错误与漏洞。同时，结合 BIM 建模工具中具有相关性的分析软件，可以就拟建项目的结构合理性、空气流通性、光照、温度控制、隔音隔热、供水、废水处理等多个方面进行分析，并基于分析结果不断完善 BIM 模型。

（4）对于设计变更可以更灵活应对。对施工平面图的一个细节变动，Revit 软件将自动在立面图、截面图、3D 界面、图纸信息列表、工期、预算等所有相关联的地方做出更

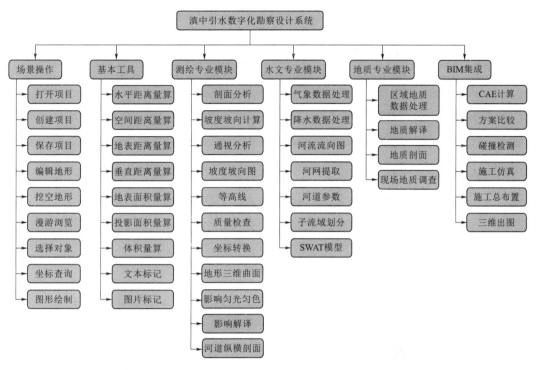

图 9.2-1 滇中引水数字化勘察设计系统功能框架

新修改。

(5) 提高可施工性。BIM 可以通过提供 3D 平台加强设计与施工的交流，让有经验的施工管理人员参与到设计阶段，早期植入可施工性理念。

(6) 为精确化预算提供便利。在设计的任何阶段，BIM 技术都可以按照定额计价模式根据当前 BIM 模型的工程量给出工程的总概算。

(7) 利于低能耗与可持续发展设计。

9.2.2.2 数字化勘察设计系统建设成果

滇中引水工程数字化勘察设计平台以测绘、水文和地质专业数据为基础，实现多源数据在 BIM+GIS 平台的集成，形成一体化、数字化的勘察设计系统。系统由六大模块组成，分别为场景操作、基本工具、测绘专业模块、水文专业模块、地质专业模块、BIM集成，具体如下。

(1) 场景操作：打开项目、创建项目、保存项目、编辑地形、挖空地形、漫游浏览、选择对象、坐标查询、图形绘制，如图 9.2-2 所示。

(2) 基本工具：水平距离量算、空间距离量算、地表距离量算、垂直距离量算、地表面积量算、投影面积量算、体积量算、文本标记、图片标记。

(3) 测绘专业模块：剖面分析、坡度坡向计算、通视分析、坡度坡向图、等高线、质量检查、坐标转换、地形三维曲面、影响匀光匀色、影像解译、河道纵横剖面。

(4) 水文专业模块：气象数据处理、降水数据处理、河流流向图、河网提取、河道参数、子流域划分、SWAT 模型，如图 9.2-3 所示。

图 9.2-2 滇中引水工程综合管廊勘察设计系统场景操作

图 9.2-3 滇中引水工程综合管廊勘察设计系统水文专业模块

（5）地质专业模块：区域地质数据处理、地质解译、地质剖面、现场地质调查，如图 9.2-4 所示。

图 9.2-4 滇中引水工程综合管廊勘察设计系统地质专业模块

（6）BIM 集成：CAE 计算、方案比较、碰撞检测、施工仿真、施工总布置、三维出图。

9.2.3 滇中引水工程智能选线

9.2.3.1 滇中引水工程智能选线平台

滇中引水工程三维 GIS 智能选线是根据建设项目的功能需求，在满足技术规范、输水要求等因素约束的条件下，综合考虑各种影响因素，从选线区域着手，由面到带、由带到线，逐步细化的多目标决策过程。

首先，对滇中引水工程中引水工程线路的选择进行详尽的分析，明确引水工程线路选线中需要考虑的选线原则、制约因素，并引入 AHP 层析分析法，采用定性、定量的指标对各个制约因子及原则进行评定，对各个因子之间的相对重要程度进行量化。其次，利用 GIS 地理信息系统的空间数据分析功能，对指标相关的各类基础地理信息数据进行加工，提取出和选线相关的空间信息，并结合相应的量化指标，构建长距离引水工程线路智能选线适宜性模型，并以研究范围作为对象，利用模型进行相应的分析成图，得到滇中引水工程线路适宜性分布成果，最终将成果形成滇中引水工程线路的备选路线。最后，利用三维 GIS 的展示功能，根据备选路线，将相应的引水建筑物模型放置于三维场景中进行展示，并结合滇中引水工程的相关特性，开发相应的线路位置、长度计算、面积量算等功能。滇中引水工程三维 GIS 选线平台技术路线如图 9.2-5 所示。

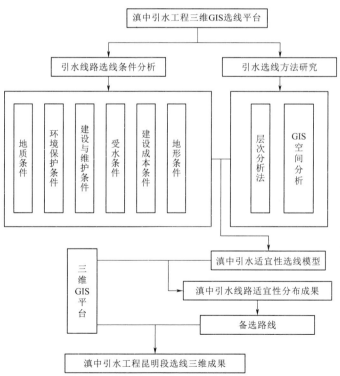

图 9.2-5　滇中引水工程三维 GIS 选线平台技术路线

9.2.3.2　引水路线选线影响因素分析

在滇中引水工程昆明段的选线工作中，主要涉及的选线影响因素包括：地质条件、环境保护条件、建设与维护条件、受水条件、建设成本条件、地形条件。

（1）地质条件。昆明盆地是位于中国南北构造带南端的构造盆地，地质构造复杂，湖泊地貌分布广泛，地基软弱。昆明盆地在大地构造上位于扬子准地台康滇古隆起东缘，处于滇中经向构造体系与纬向构造体系的交汇部位，夹持于川滇经向构造的普渡河断裂带和小江断裂带之间。南北向构造为区内的主控构造，东西向构造次之，褶皱不发育，多被断裂破坏成断块状，各断块为倾向各异的单斜层。在选线工作中，隧道尽量避开和减少高地下水位、高地应力和大范围的断层破碎带的地带，以及严重风化区、遇水易泥化、崩解、膨胀和溶蚀岩体等不良地质地带，选择地质构造简单、岩体完整稳定、岩石坚硬以及上覆岩层适中的线路。

（2）环境保护条件。在滇中引水工程的建设中，昆明市区范围内涉及较大的环境保护区，主要包括昆明金殿国家森林公园，面积 $1883 \mathrm{km}^2$；滇池风景名胜区，面积 $49000 \mathrm{km}^2$；此外，市区内主要集中了圆通寺、昆明动物园、翠湖公园、大观公园、黑龙潭公园、云南民族村、筇竹寺、护国起义纪念碑、金碧广场、云南陆军讲武堂、昙华寺等主要景点，在线路的选择时，需要尽量避免穿越上述环境敏感区域。

（3）建设与维护条件。昆明市区内主要道路主要有：环城路、二环快速系统、三环快速系统、北京路（南北向主轴）、人民路—机场高速（东西向主轴）、龙泉路—青年路—官南大道（南北向次轴）、白龙路—白塔路—春城路（南北向次轴）、普吉路—滇缅大道—西昌路—海埂路—前新路（南北向次轴）、西坝路—金碧路—拓东路（东西向次轴）、东风路（东西向次轴）、彩云路（昆洛路）（新城区主轴），此外还有沣源路、滇池路、学府路和西园路等，在引水工程线路的修建过程中，应充分利用道路资源，降低建设材料的运输成本及后期维护成本。

（4）受水条件。昆明是滇中引水工程最大的受水地区，在昆明市受水区涉及安宁连然、呈贡龙城、富民永定、官渡小哨、晋宁昆阳、昆明四城区、嵩明嵩阳、西山谷律 8 个受水小区，年均供水量 16.03 亿 m^3，受水小区主要分布于滇池以北及东部。在昆明市各受水小区分水量中，以昆明四城区、安宁连然供水量较多，渠首水量分别为 3.94 亿 m^3、4.88 亿 m^3，主要为城镇生活及工业用水。分水口水位应力求满足主要受水区、重要湖泊、水库及城市自流供水要求，以降低供水费用。昆明段主要受水区为昆明四城区、呈贡、安宁、易门、富民和晋宁等。昆明为滇中引水最主要受水区，输水总干渠线路布置时应充分考虑，且是本段线路布置的重要因素。

（5）建设成本条件。滇中引水工程线路的建设成本包括建筑安装工程（包含引水工程线路建筑工程、施工支洞工程和金属结构设备及安装工程）、征地移民、环境保护和水土保持等方面。在昆明市区的引水工程线路建设中，输水总干渠宜以隧洞布置为主，尽可能避开城市居住区、重要区域，避免与城市规划、交通设施、专项设施的干扰，并尽可能减少征地及移民补偿投资，难以避开时应提出可行的结构方案、施工方法和控制措施等。

（6）地形条件。昆明市中心海拔约 1891m。拱王山马鬃岭为昆明境内最高点，海拔4247.7m，金沙江与普渡河汇合处为昆明境内最低点，海拔 746m。市域地处云贵高原，总体地势北部高，南部低，由北向南呈阶梯状逐渐降低。中部隆起，东西两侧较低。以湖盆岩溶高原地貌形态为主，红色山原地貌次之。大部分地区海拔在 $1500\sim2800\mathrm{m}$ 之间，线路应尽量避免选线区域中高差过大的部分，以减少工程建设的难度。

9.2.3.3 滇中引水适宜性选线模型

（1）模型建立。在滇中引水工程昆明段的选线工作中，主要考虑了选线研究区域内的 6 个因素：地质条件、环境保护条件、建设与维护条件、受水条件、建设成本条件和地形条件，根据 AHP 层次分析法原理，分别记为 B1～B6，其对应的具体因子记为 C1～C8，合适的 AHP 适宜性模型建立如图 9.2-6 所示。

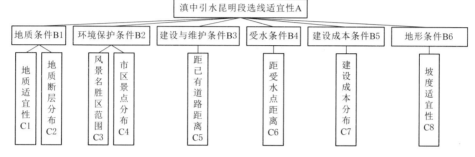

图 9.2-6　滇中引水工程昆明段 AHP 选线适宜性模型

根据所构造的适宜性模型，经过各条件间两两判断，建立对应的判断矩阵见表 9.2-1。

表 9.2-1　　　　　　　　　滇中引水工程昆明段选线判断矩阵

因子	C1	C2	C3	C4	C5	C6	C7	C8
C1	1	2	5	3	1	4	4	2
C2	1/2	1	4	2	1/2	3	2	1
C3	1/5	1/4	1	1/3	1/4	1/2	1/3	1/3
C4	1/3	1/2	3	1	1/2	2	3	1
C5	1	2	4	2	1	3	3	1
C6	1/4	1/3	2	1/2	1/3	1	1	1/2
C7	1/4	1/2	3	1/3	1/3	1	1	1/2
C8	1/2	1	3	1	1	2	2	1

（2）矩阵解算。将所构造模型相应的判断矩阵利用 AHP 判断矩阵解算模块进行解算，得到该矩阵中各因子相对权重，具体见表 9.2-2。

表 9.2-2　　　　　　　　滇中引水工程昆明段智能选线模型解算结果

因子	C1	C2	C3	C4	C5	C6	C7	C8
相对权	0.2478	0.1451	0.0374	0.1134	0.1979	0.0610	0.0662	0.1313

最大特征值 $\lambda_{\max}$：8.2095

一致性指标 CI：0.0299＜0.1，则该判断矩阵可以接受

一致性比例 CR：0.0212

9.2.3.4　滇中引水工程昆明段选线平台成果三维展示及功能应用

滇中引水工程昆明段三维 GIS 智能选线平台基于数字高程模型、数字正射影像、三维数据模型及其他 GIS 数据信息，结合计算机图形技术、数据库技术、三维可视化技术与虚拟现实技术，展现选线结果路线及相应的引水构筑物在实际环境下的真实情况，将所有管理对象都置于一个真实的三维世界中，实现了海量数据三维场景的实时漫游。

根据滇中引水工程昆明段选线结果，可以在三维场景中对拟选线路进行优化、对比，在三维地形上模拟线路走向与构筑物布置，进行集成化的三维漫游与量测操作，极大地方便了选线人员进行路径优化调整，从而大大提高了选线精度和效率并贴合设计需求的专业功能。

选线平台提供了集成度高、简单易用的优化选线工具。进行新线路设计时，能够实时显示角点号、累距、转角度等，并实时显示所设计线路的高程断面线，为设计人员路径选择提供参考帮助；能延长已有线路，在现有线路上随意进行连接、添加、删除、修改角点等。

根据工程标段的不同，由不同的设计人员进行线路设计，再将各个标段设计成果汇总成工程成果，极大地提高了工作效率，缩短了工程周期。线路设计规范中按照不同的电压等级，对房屋、树木及交叉跨越等都规定了严格的水平距离、垂直距离和净空距离。选线平台根据线路设计的业务需求提供了丰富快捷的专业量测工具，如：长度、角度、坡度、面积、某点到线路的垂直距离等。线路走廊中有各种地物，包括低电压等级的电力线路、房屋、道路、河流、农田、农作物等，选线平台也提供了符合国家标准的地物矢量化工具，可对各种地物高度进行手工、半自动矢量化提取等，标识出路径走廊中各种地物的名称、高度、面积，并统计备选设计方案的跨越地物总量，使设计人员可以进行多路径方案比选，综合考虑清算赔偿费用和民事工作。尽可能避开树木、房屋和经济作物种植区，尽可能选择长度短、转角少、交叉跨越少、地形条件较好的方案。

设计人员还可以利用选线平台随时查看和比较线路的平断面，进行杆塔预排位等。平断面和预排位数据可直接用于排杆软件，进行手动与自动排杆，便于备选设计方案进行杆塔排位的统计及优化方案的比选，并提供可靠的辅助决策和综合统计分析，为管理决策人员提供依据；同时，平断面数据能够输出其他排杆软件所需的格式。

在设计过程中，外业调绘勘察是必不可少的环节，选线平台可以方便地定义调绘图的范围，分层控制图纸，将影像、矢量、等高线等信息输出到统一的调绘图数据库中，利用调绘图编辑软件提供的强大图表输出功能，按指定比例输出影像文件，直接进行打印输出。

9.2.4　滇中引水工程参数化设计

9.2.4.1　滇中引水工程 BIM 建模技术标准

引水工程建筑信息模型（BIM）数据规范和标准主要包含引水工程 BIM 信息分类的标准化、信息存储的标准化、构件划分的标准化、参数划分的标准化及工程图输出的标准化，实现信息在空间、时间、主体、类型、版本等 5 个维度的集成。引水工程 BIM 模型的信息分类主要体现在空间维、主体维、时间维等维度的集成，按照信息的内容及分类要求，将引水工程 BIM 模型信息划分为 14 种类型，详见图 9.2-7 和图 9.2-8。其中材料信息指存储构件的材料类型、价格、物理性能（如密度、导热性、热膨胀性）和力学参数（如弹性模量、泊松比、内摩擦角、抗压强度、抗拉强度）；物理信息指存储构件的体积、表面积、重心和偏心距等物理特性；性能信息指存储构件的功能特性，如挡水、防渗、泄流、导流和通风等特性。

图 9.2-7 构件库

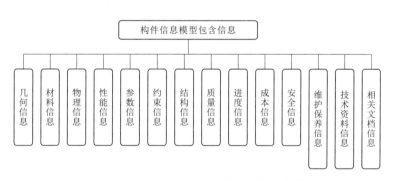

图 9.2-8 引水工程 BIM 模型的信息分类

对模型信息进行详细分类并明确各类信息的存储路径及存储格式，便于后期快速组装并生成模型，以引水工程中倒虹吸模型的构件划分示意图（图 9.2-9）为例。具体来说，倒虹吸按其结构可划分成进口段、管道段和出口段，其中进口段可划分成进水口、渐变段、拦污栅、闸门、挡水墙等构件；管道段可划分成镇墩和管身等构件，其中管身形式包括圆形和方形；出口段可划分为消力池和水井等构件。可以看出构件是组成引水工程主要建筑物的最基本单元，因此认为构件是引水工程 BIM 模型的最小信息存储单元。

通过各类模型信息的分类存储，将结构化信息存储在 BIM 数据库中，非结构化信息存储在电子文档库中，同时在 BIM 数据库中建立各构件与非结构化信息的关联关系表，以实现构件信息模型的完整、统一。

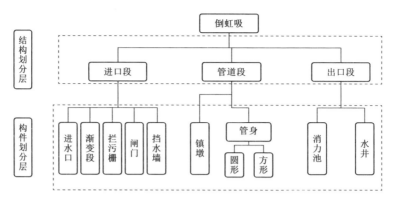

图 9.2-9 引水工程中倒虹吸模型的构件划分示意图

9.2.4.2 滇中引水工程渡槽参数化设计

渡槽结构设计主要是根据设计资料对渡槽结构型式、尺寸与配筋进行计算的过程。初始界面如图 9.2-10 所示。新建工程 ☩ 如图 9.2-11 所示。删除工程 ☒ 如图 9.2-12 所示。上传至数据库 ☝ 如图 9.2-13 所示。

图 9.2-10 初始界面

图 9.2-11 新建工程

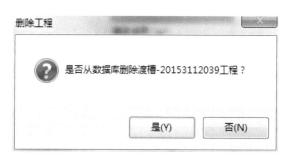

图 9.2-12 删除工程

图 9.2-13 上传至数据库

1. 水力设计

（1）基本资料及已知条件。在进行水力学设计前首先进行基本资料及已知条件的设置。

点击设置参数 设置参数 弹出如下界面（图 9.2-14 和图 9.2-15），基本资料主要分为渡槽资料和渠道资料。渠道资料中涉及上下游情况时，填写数据的格式为 XXX/YYY，以"/"作为分隔符。

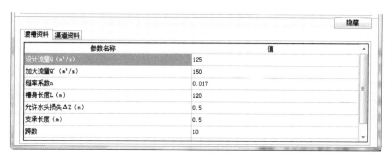

图 9.2-14 渡槽资料编辑界面

图 9.2-15 渠道资料编辑界面

已知条件主要是根据地形地质等资料、选择的槽址及槽身起止点位置、槽身断面形式等初步拟定计算条件。具体的设置如图 9.2-16 所示。

（2）水力设计。渡槽的进口段、槽身和出口段构成输送渠水的明渠通道，渡槽水力设计的目的就是通过水力计算，确定这些与水流条件有关的各个部分的布置形式、尺寸和高程。其中，槽底纵坡 i 和槽身净宽 B 与净深 H 一经选定，进出口建筑物和槽身结构的纵

图 9.2-16 已知条件设置界面

横剖面布置也就相应地决定了。

水力设计 水力设计 ，系统自动计算出水力设计的成果。水力设计界面如图 9.2-17 所示。

设计成果预览

项目	值
设计水深（m）	2.76
槽身净宽（m）	3.45
槽内设计平均流速（m/s）	2.63
进口槽底高程（m）	963.994
出口槽底高程（m）	963.896
进口渐变段长度（m）	47.62
进口渐变段进口底高程（m）	963.86
进口渐变段出口底高程（m）	963.994
出口渐变段长度（m）	65.45
出口渐变段进口底高程（m）	963.896
出口渐变段出口底高程（m）	963.612

图 9.2-17 水力设计界面

2. 结构计算

（1）槽身结构计算。支承形式跨宽比和跨高比的大小，以及槽身横断面形式等的不同，槽身应力状态与计算方法也不相同，如：①对梁式渡槽的槽身，跨宽比一般都大于4.0，跨高比也比较大，故可按梁理论计算：沿渡槽水流方向按简支或双悬臂梁计算内力及应力；取1.0m长的槽身，按平面问题计算横向内力；②对于跨宽比小于4.0，一般属于中长壳的梁式槽身应按空间问题求解，但计算方法复杂，目前系统尚不研究；③对于实腹式及横墙腹拱式拱上结构上面的槽身，沿纵向属于连续弹性支撑梁。本书所述系统主要针对第①、③种情况进行计算。

在结构计算之前，必须先完成水力学设计，否则结构计算无法进行。

与水力计算一样，结构计算首先也是进行计算参数的设置。根据选择要计算的结构型式，点击参数拟定 参数拟定 ，进入参数设置界面，如图 9.2-18 和图 9.2-19 所示。

（2）纵向结构计算：点击纵向结构计算 纵向结构设计 ，弹出如下计算界面（图 9.2-20），然后输入截面参数和计算参数。系统提供的截面形式有矩形和 T 形两种形式。矩形槽身截面可概化为 T 形截面考虑。

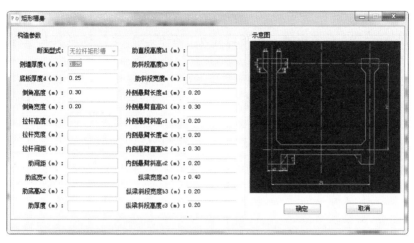

图 9.2-18　矩形槽身构造参数

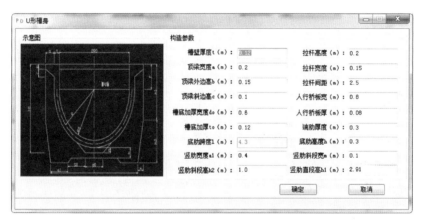

图 9.2-19　U 形槽身构造参数

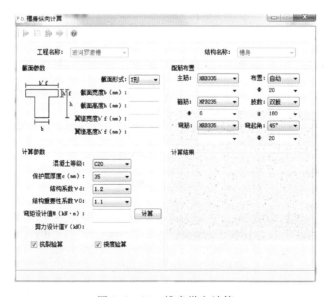

图 9.2-20　槽身纵向计算

1）计算假定条件如下。

a. 计算荷载按均布荷载考虑。均布荷载 q 包括槽身自重、水重及人群荷载等。设计情况时水重按设计水深考虑，校核情况时水重按校核水深考虑。

b. 根据支承方式，纵向结构分为简支梁式及三种双悬臂梁式（等跨双悬臂梁式、等弯矩双悬臂梁式和不等跨不等弯矩双悬臂梁式）。等跨双悬臂及等弯矩双悬臂的悬臂段计算长分别为 $0.5l$ 及 $0.354l$，l 为中跨计算跨径。

c. 根据槽身横断面布置形式，钢筋计算及抗裂校核均近似采用工字形计算截面。计算截面的梁肋宽为 2 倍侧墙厚，上翼缘及下翼缘的计算宽度按规范采用。

d. 纵向受力钢筋按受弯构件计算配置。侧墙较高时，需沿侧墙高配置 Φ9～Φ12 的纵向构造筋，间距 30 cm 左右。

2）荷载计算。点击 ⚙ 进行荷载组合计算，弹出如下界面（图 9.2 – 21）。

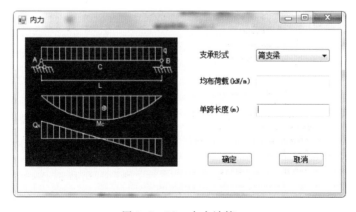

图 9.2 – 21　荷载计算

3）内力计算。点击计算 计算，弹出如下窗体（图 9.2 – 22）。

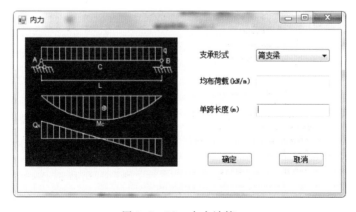

图 9.2 – 22　内力计算

点击开始计算 ▷ ，进行受弯构件正截面承载力计算和斜截面承载力计算，输出纵向计算成果。

点击正截面计算书 □ ，输出计算书成果，如图 9.2－23 所示。

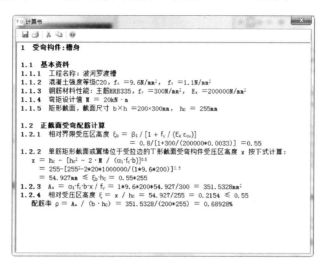

图 9.2－23 计算书成果

（3）横向结构计算。

1）槽身的整体稳定性验算。位于大风区的渡槽，轻型壳体槽身可能被风荷掀下来。因此需验算槽身的整体稳定性。

最不利荷载为槽中无水，槽身竖向荷载仅有 N_2，水平向荷载为风荷 P_1，设支承面的摩擦系数为 f，绕背风向支点转动的倾覆力矩为 M_{p1}，抗倾覆力矩为 M_{N2}，则抗滑稳定系数为 $k_1 = fN_2/P_1$，抗倾覆稳定安全系数为 $k_2 = M_{N2}/M_{P1}$。

2）渡槽的抗滑稳定性验算。槽墩或槽架及其基础在水平荷载 $\sum P$ 的作用下，可能沿基底面产生水平滑动。抗滑稳定安全系数 k_c 按式（9.2－1）计算：

$$k_c = \frac{f\sum N}{\sum P} \tag{9.2－1}$$

式中：f 为基础底面与地基之间的摩擦系数；$\sum N$、$\sum P$ 分别为所有铅直力、水平力的总和；k_c 为抗滑稳定安全系数。

计算条件：当 $\sum N$ 较小时，对抗滑稳定是不利条件，故计算槽中无水情况，即 $\sum N$ 中不包括槽中水重 N_1。

3）渡槽的抗倾覆稳定性验算。由于抗倾覆稳定性的不利条件与抗滑稳定的不利条件一致，因此抗倾覆稳定验算的计算条件及荷载组合与抗滑稳定性演算相同。抗倾覆稳定安全系数按式（9.2－2）计算：

$$k_0 = \frac{l_a \sum N}{\sum M_y} = \frac{l_a}{e_0} \tag{9.2－2}$$

式中：l_a 为承受最大压应力的基底面边缘到基底重心轴的距离；$\sum N$ 为基底面承受的铅直力总和，$\sum N = 3911.795$（kN）；$\sum M_y$ 为所有铅直力及水平力对基底面重心轴（$y-y$）

173

的力矩总和；e_0 为荷载合力在基底面上的作用点到基底面重心轴（y-y）的距离。

4）浅基础的基底压应力验算。假定基底压应力（即地基反力）呈直线变化，不考虑地基的嵌固作用时，由偏心受压公式可得基底边缘应力为

横槽向：

$$\begin{cases} \sigma_{\max} = \dfrac{\sum N}{A} + \dfrac{\sum M_y}{W_{ya}} \\[2mm] \sigma_{\min} = \dfrac{\sum N}{A} - \dfrac{\sum M_y}{W_{yi}} \end{cases} \tag{9.2-3}$$

顺槽向：

$$\begin{cases} \sigma_{\max} = \dfrac{\sum N}{A} + \dfrac{\sum M_x}{W_{xa}} \\[2mm] \sigma_{\min} = \dfrac{\sum N}{A} - \dfrac{\sum M_x}{W_{xi}} \end{cases} \tag{9.2-4}$$

式中：A 为基础底面积；W_{ya}、W_{xa} 为相应于最大应力 $\sigma_{\max}$ 基底边缘的截面抵抗矩（$W_{ya} = I_y / l_a$，$W_{xa} = I_x / l_a$，I_y、I_x 分别为基底面对重心轴 y-y、x-x 的截面惯性矩）；W_{yi}、W_{xi} 为相应于最小应力 $\sigma_{\min}$ 基底边缘的截面抵抗矩（$W_{yi} = I_y / l_i$、$W_{xi} = I_x / l_i$）。

5）渡槽基础的沉降计算。《公路桥涵地基与基础设计规范》（JTG 3363—2019）中推荐采用分层总和法计算基础沉降量。墩台基础的最终沉降量 S（cm）按式（9.2-5）计算：

$$S = m_s \sum_{i=1}^{n} \dfrac{\sigma_{zi}}{E_{si}} h_i \tag{9.2-5}$$

式中：σ_{zi} 为第 i 层土顶面与底面附加应力的平均值（MPa）；h_i 为第 i 层土的厚度；E_{si} 为第 i 层土的压缩模量（MPa）；n 为地基压缩范围内所划分的土的层数；m_s 为沉降计算经验系数。

点击开始验算 开始验算 ，系统自动进行计算，如图 9.2-24 所示。

点击结果查看 结果查看 ，可查看验算过程及结果，如图 9.2-24 所示。

图 9.2-24　渡槽初步设计

9.2.5 滇中引水工程正向协同设计

9.2.5.1 正向协同设计平台整体架构

基于 WebGL 的 BIM 正向协同设计平台开发以云服务为理念，采用 B/S 架构。系统分为数据服务层、数据层、应用层、表示层四个层级，平台整体架构如图 9.2-25 所示。

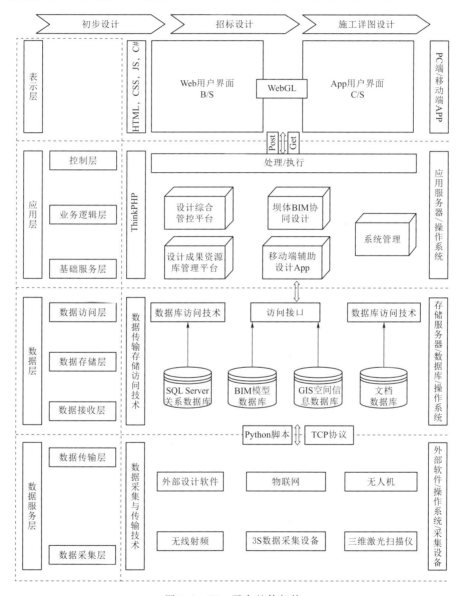

图 9.2-25 平台整体架构

（1）数据服务层。数据服务层主要是由引水枢纽工程涉及的各专业常用三维设计软件构成的基础设计数据服务体系。利用 Python 脚本二次开发各个设计软件的接口，通过 TCP 协议与服务端通信，将各客户端本地建立的三维模型等数据信息传输至服务器指定的数据库内。

（2）数据层。数据层主要由 BIM 模型文件、GIS 数据信息、工程基本资料、设计标准规范、SQL Server 关系型数据库组成。工程基本资料与设计标准规范为工程师提供设计依据，BIM 模型文件与 GIS 数据信息用于构建三维模拟设计场景，SQL Server 关系型数据库主要用来存储属性扩展信息、设计进度信息、设计协调记录等各类过程数据与成果，并根据各专业的设计人员组织结构与时间信息、设计成果等信息建立索引，提高数据库查询效率。

（3）应用层。应用层为系统运作的核心，将设计院正向设计业务流程以系统的思维进行整合，设计开发了各项功能业务，并利用业务功能接口将表示层与数据层贯通，实现数据流与业务流的畅通交融。系统后端采用 ThinkPHP 框架搭建 Web 端与移动端应用程序，借助 WebsSocket 协议实现移动端、Web 端、数据库之间数据信息的实时高效传输。

（4）表示层。表示层为直接面向用户，使用户在三维可视化环境内进行业务操作，提供 3D 交互式使用体验。采用响应式布局与 LayUI 前端框架，并集成 Three.js - editor 开源引擎，实现 3D WebGL 对 BIM 模型的在线集成显示与三维操作。通过 d3、ECharts 等插件在线绘制图表，实现数据的可视化表达，方便用户直观洞察数据信息，进行正向协同设计。

9.2.5.2 正向协同设计平台功能模块

基于 WebGL 与 BIM 技术，根据引水工程正向设计业务流程和功能需求，平台共设计开发了 3 个模块及 1 个移动端 App，分别为设计综合管控、BIM 协同设计、设计成果资源库管理、移动端辅助设计 App。具体的平台功能模块见图 9.2 - 26 所示。

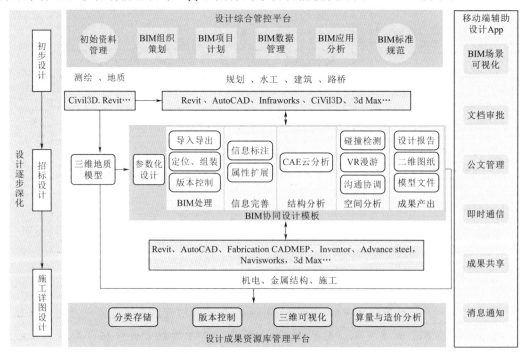

图 9.2 - 26　平台功能模块

（1）设计综合管控。设计综合管控模块主要包括初始资料管理、BIM 组织策划、BIM 项目计划、BIM 数据管理、BIM 应用分析、BIM 标准规范等子模块，该模块主要针对水电工程 BIM 正向设计进行全面管控，如 BIM 组织形式、人员策划、项目设计进度规划、项目任务划分、BIM 标准制定等。设计综合管控模块贯穿整个系统，是 BIM 正向协同设计平台业务顺畅运行的前提和保障，如图 9.2-27 所示。

图 9.2-27 设计综合管控模块

在开始进行设计工作之前，将对应工程相关的初始设计资料分类存储到系统数据库中，根据工程特点和设计院实际情况确定 BIM 组织策划形式，利用 ECharts 插件制定 BIM 项目计划与任务书，对 BIM 关联数据进行管理和收集，根据 BIM 模型后续施工运行维护各阶段的应用分析场景，制定对应项目内使用的 BIM 标准与协同要求，确保 BIM 正向协同设计有序开展，平台应用流程如图 9.2-28 所示。

（2）BIM 协同设计。BIM 协同设计平台依照《水利水电工程信息模型设计应用标准》（T/CWHIDA0005—2019）中对协同设计平台的要求，BIM 协同设计模块主要包括 BIM 参数化分析创建、地形场景导入、BIM 拼接定位、方案比选、BIM 属性扩展、碰撞检测、场景漫游、模型出图、工程算量等功能模块。作为整个系统的核心模块，BIM 协同设计模块采用 Three.js-editor 框架，在 BIM 场景组装、BIM 信息完善、BIM 空间分析、BIM 应用 4 个层面融合了水电工程多专业 BIM 协同正向设计所需要的基本功能，可以确保各个专业设计工作的实时共进，所见即所得，在进行三维设计的同时进行进度追踪、成果产出等一系列符合设计进程需要的业务操作。

将地形地质场景打包成 JSON 数据格式到 BIM 协同设计平台内作为水工等其他专业的设计基础；以参数化设计的 BIM 模型为依托，对接 Autodesk Revit、Inventor 等三维设计软件，对 BIM 进行深化设计的同时，围绕引水工程主体对各专业不同格式 BIM 模型进行格式转换，集成到统一可视化平台内进行拼装定位、属性扩展、碰撞检测、沟通协调、剖切出图、生成成果报告等一系列业务操作，将多专业整合后的 BIM 模型根据实际工程需要产出对应的成果文件。

（3）设计成果资源库管理。设计成果资源库管理主要包括三维 BIM 模型版本书件管

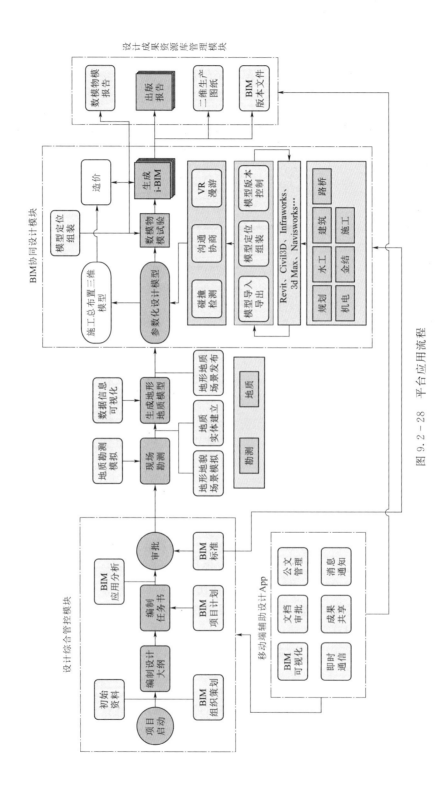

图 9.2-28 平台应用流程

理、数模物模分析 报告管理、二维生产图纸管理、设计成果报告管理、工程算量与造价管理等功能子模块。通过对接其他业务模块，对设计过程中的阶段性成果与最终成果进行统一管理和存储，实现全过程设计成果可追溯、查看、下载和移交。

对接 BIM 协同设计平台中的各项成果产出业务子模块，对包括 BIM 模型版本书件、数模物模分析报告、二维图纸等文件进行分类存储，并录入对应的时间、负责人等关联信息，在后台数据库建立版本控制机制，保证设计过程各版本成果的可追溯。同时，提取各模型构件的体量、材料等数据信息，调用 Python 脚本对工程算量与造价进行自动计算。设计成果管理主界面如图 9.2 - 29 所示。

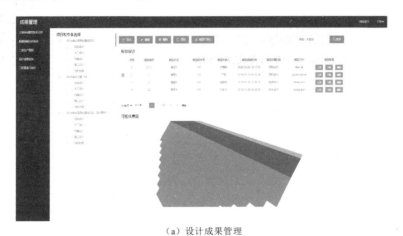

（a）设计成果管理

（b）工程算量查询

图 9.2 - 29　设计成果管理主界面

（4）移动端辅助设计 App。移动端辅助设计 App 主要包含流程审批、通知公告、即时通信、进度追踪、实时成果预览、资源管理等功能子模块。作为用户安装在手机上可随身携带的辅助设计 App，利用 Web IM 技术充分体现了移动办公的便捷性与实时性，允许用户利用手机完成审批、消息查看与回复、文件上传及预览、当前三维设计成果查看等操作，是协同设计有序高效进行的保障。即时通信功能界面如图 9.2 - 30 所示。

图 9.2 - 30　即时通信功能界面

设计人员在各自手机上下载安装 App，输入账号密码进行登陆，在 App 上进行公告查看、文件审批、消息回复等办公操作，同时可根据系统分配的权限对指定的设计成果文件进行下载、上传、编辑、预览，也可以在手机上借助 WebGL 技术查看最新的工程 BIM设计进度，实时追踪 BIM 三维设计成果，体现了协同办公的及时性与便捷性。

9.2.6　滇中引水工程 BIM/CAE 集成设计

9.2.6.1　集成分析与优化设计

滇中引水工程在勘测设计阶段大量地应用了 BIM/CAE 一体化分析方法进行结构设计、方案比选、性能分析、设计方案校核等工作。相比于传统的有限元分析方法，BIM/CAE 一体化分析方法为设计人员节省了大量重复式的设计工作，提升了设计阶段的工作效率，缩短了设计周期，提升了设计质量。本节将以滇中引水工程渡槽勘测设计阶段的典型 BIM/CAE 案例为例，从结构优化与钢筋优化出发，对其实际应用情况及应用效果进行详述，BIM/CAE 集成分析系统示意如图 9.2 - 31 所示。

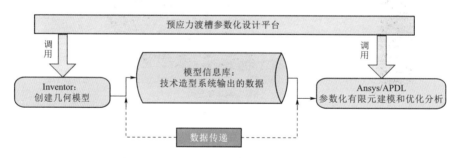

图 9.2 - 31　BIM/CAE 集成分析系统示意图

（1）槽身结构优化设计。对于渡槽结构来说，设计的目的是在满足使用要求的前提下，既要满足所需强度与刚度等安全条件，又要尽可能地减小总体的重量或体积以节省投资，所以本次选择结构最小体积为目标函数，预应力钢筋为常量。

（2）预应力钢筋优化设计。针对配筋的优化设计指的是在渡槽结构尺寸一定的情况下，通过改变配筋量而使钢筋用量既满足结构安全又最经济。以往的优化设计多集中在建筑物尺寸的优化，而对配筋优化则较少涉及。理论上，通过 APDL 参数化语言建立预应力钢筋参数化模型，便可以将钢筋参数作为设计变量进行优化设计。

9.2.6.2 分析计算模型

首先确定了两种比较优选的渡槽断面形式（箱形、U 形）用于进一步定量比较分析；然后根据依托工程（小鱼坝渡槽）过流量、允许水头损失等，采用水力学计算确定单跨槽身的主要结构尺寸；接着假定在墩高一定的前提下，对每种槽身断面形式分别建立三种壁厚的三维实体模型；最后通过三维有限元静力分析，从强度和稳定两个方面，初步比选滇中地区渡槽工程的最佳断面形式。下面以箱形带肋预应力渡槽结构为例进行三维有限元分析。

以箱形带肋预应力渡槽为设计方案，在水力学计算的基础上，考虑三种壁厚方案，分别是壁厚为 0.30m（方案一）、0.35m（方案二）、0.45m（方案三）。图 9.2-32 为壁厚 0.45m 设计方案的结构图，其他方案的尺寸与此相同。

根据计算得到的槽身尺寸和实际地形资料，以 25m 跨度为例建立箱形带肋预应力渡槽的单跨三维有限元计算模型。渡槽模型混凝土及地基以 Solid45 实体八节点六面体及其退化的四面体单元模拟，预应力用等效荷载法模拟，槽身底部工字梁与槽墩顶板中间加入混凝土垫块，在槽墩无槽身部分用 Mass21 质量单元施加附加质量，用来平衡槽墩。为了较准确地描述预应力筋的位置，提高三向预应力模拟效果，实体模型划分网格时分得较细，计算精度较高。整个模型节点总数 101490，单元总数 95229。在本节的分析内容中，槽墩仅起到支撑作用，故暂不分析槽墩的应力及位移状况。

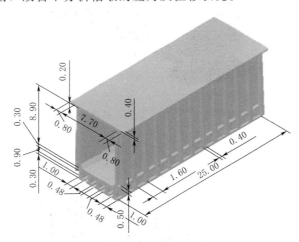

图 9.2-32 箱形带肋预应力渡槽结构三维标注图（壁厚 0.45m 设计方案）

图 9.2-33 为渡槽单跨三维离散模型，图 9.2-34、图 9.2-35 分别为渡槽槽身离散模型和渡槽底部工字梁及横梁离散模型图。

选取整个单跨渡槽作为计算模型，计算模型的边界条件为：①槽身及槽墩部分下部边界与地基共节点，槽身两端为自由边界；②地基部分向四周各延长约 150m，截断地基的总高度约 150m。

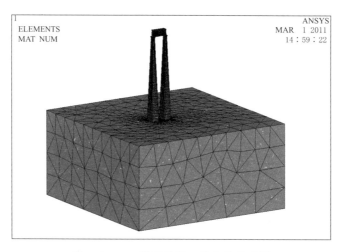

图 9.2 - 33　渡槽单跨三维离散模型图

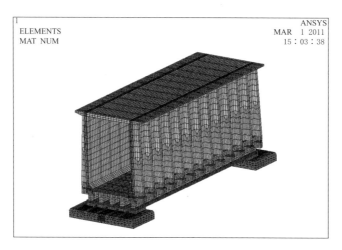

图 9.2 - 34　渡槽槽身离散模型图

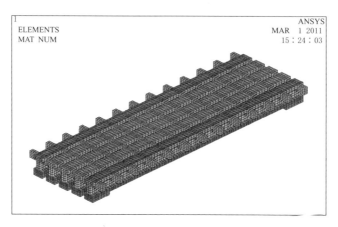

图 9.2 - 35　渡槽底部工字梁及横梁离散模型图

约束条件模型的约束条件为：①在截断的岩体的四周边界施加法向约束；②基础底部边界施加全约束。

取槽身底板上表面、单跨槽身上游侧横断面、过右岸贴坡与底板交线的垂直面三个面的交点作为坐标原点，三轴的方向确定如下：X 轴为水平方向，顺水流方向，指向下游为正；Y 轴为垂直水流方向，指向左岸为正，符合右手螺旋定则；Z 轴为竖直方向，向上为正。

在分析槽身结构应力和位移分布云图时，相应的符号及数值正负含义如下：σ_x 为顺水流向正应力、σ_y 为垂直水流向正应力、σ_z 为竖直向正应力，σ_1 为第一主应力、σ_3 为第三主应力，应力值为正表示拉应力，应力值为负表示压应力。U_x 为顺水流向位移、U_y 为垂直水流向位移、U_z 为竖向位移，U_{sum} 为综合位移；顺水流向位移中正值表示顺水流向，负值表示逆水流向；垂直水流向位移中正值表示与规定 Y 轴正向相同（指向左岸），负值表示与规定 Y 轴正向相反（指向右岸）；竖直向位移中正值表示竖直向上，负值表示竖直向下。

下面以方案一（壁厚 0.30m）的工况一（完建工况）为例进行 BIM/CAE 分析的过程说明。

在施工完建工况下，荷载组合包括结构自重＋风压力＋预应力，结构的主要荷载为结构自重，对槽身进行静力分析。主要分析结构及其关键部位在静力荷载作用下的位移和应力分布情况及其分布规律。

9.2.6.3 应力场分析

将完建工况下的渡槽槽身的应力场有限元计算结果整理汇总如下。

（1）如图 9.2-36（a）所示，槽身大部分区域第一主应力 σ_1 值在 $-0.80 \sim 1.08$MPa 之间，满足 C50 混凝土强度要求；最大拉应力值为 4.86MPa，出现在槽身底板两侧与内侧贴坡的交点处，是结构在自重作用下，侧墙两端中部向外产生较大的横向变形所导致的，但在两个单元（0.6m×0.6m）内折减到 1.08MPa 以下。

（2）如图 9.2-36（b）所示，槽身大部分区域压应力较小，压应力值主要在 $-7.04 \sim 0.38$MPa 范围内，满足 C50 混凝土强度要求；最大压应力值为 -21.9MPa，出现在槽身上游侧面底板两侧边缘，是施加模拟预应力集中荷载所导致的。

（3）如图 9.2-36（c）所示，槽身大部分区域 X 向正应力 σ_x 值在 $-7.42 \sim 1.91$MPa 范围内，X 向正应力最大值为 1.91MPa，出现在槽身两端底板上表面，是结构在自重作用下跨中发生沉降，最终导致底板两端上表面受拉。

（4）如图 9.2-36（d）所示，槽身大部分区域 Y 向正应力 σ_y 值在 $-2.78 \sim 2.00$MPa 范围内，Y 向正应力最大值为 4.39MPa，出现在槽身底部两端的工字梁底部表面，是由于在槽身自重作用下，两端侧墙向外产生了较大横向变形，最终导致了工字梁底部拉应力较大。

（5）如图 9.2-36（e）所示，槽身大部分区域 Z 向正应力 σ_z 值主要在 $-5.12 \sim 0.33$MPa 范围内；Z 向正应力最大值为 3.06MPa，出现在底部工字梁表面，原因是跨中沉降引起两端横截面受拉，同时工字梁底部存在预应力的约束，最终导致工字梁腹板竖向拉应力较大。

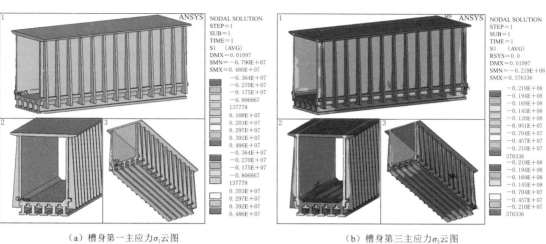

（a）槽身第一主应力σ_1云图　　　　　　　　（b）槽身第三主应力σ_3云图

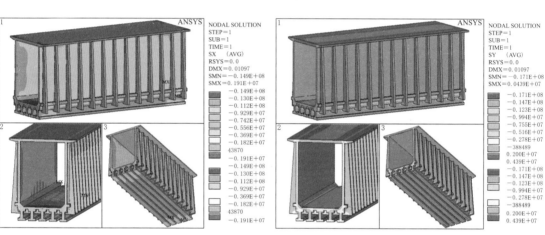

（c）槽身X向应力σ_x云图　　　　　　　　（d）槽身Y向应力σ_y云图

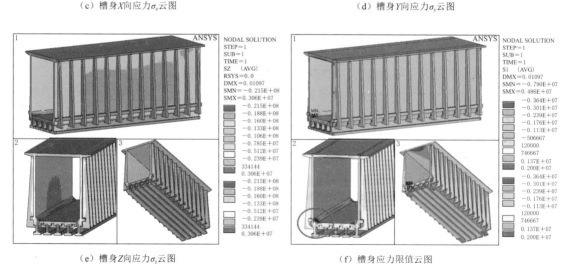

（e）槽身Z向应力σ_z云图　　　　　　　　（f）槽身应力限值云图

图 9.2-36　完建工况下的渡槽槽身的应力场有限元计算结果（单位：Pa）

（6）如图 9.2-36（f）所示，图中灰色区域（圆圈所示区域）为渡槽所受拉应力超过允许值的部位（C50 混凝土抗拉强度设计值 2.00MPa），超过允许值的区域主要集中在底部工字梁的端部表面、渡槽与橡胶支座的接触部位，槽身大部分区域满足混凝土抗拉要求。

9.2.6.4 位移场分析

将完建工况下渡槽槽身位移场计算结果汇总如图 9.2-37 所示，由位移云图可知，总体来看，渡槽槽身的位移值均较小，顺水流向位移 U_x 在 $-1.012 \sim 1.084$mm 范围内，最大值出现在单跨渡槽侧墙两端的中部，并从槽身两端至中部逐渐减小；垂直水流向位移 U_y 在 $-1.519 \sim 1.247$mm 范围内，最大值出现在侧墙两端的中部，Y 向位移分布规律在槽身纵轴线两侧基本对称；竖向位移 U_z 在 $-10.965 \sim -9.082$mm 范围内（包含槽墩沉降），槽身不均匀沉降值在 1.88mm 范围以内，最大竖向位移值出现在盖板端部跨中位置，在槽身自重力的作用下，竖向位移均为负值，且由槽身顶部至底部逐渐减小；综合位移 U_{sum} 在 $9.408 \sim 10.482$mm 范围内，最大位移值出现在盖板端部跨中位置。

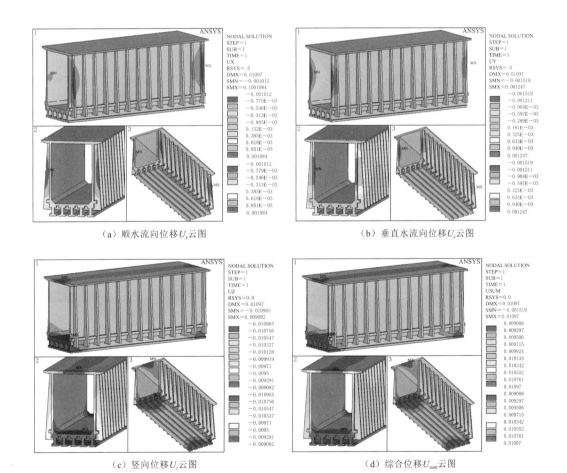

（a）顺水流向位移 U_x 云图 　　　　（b）垂直水流向位移 U_y 云图

（c）竖向位移 U_z 云图 　　　　（d）综合位移 U_{sum} 云图

图 9.2-37　完建工况下渡槽槽身位移场分布汇总（单位：m）

其余工况 BIM/CAE 分析计算过程与上述类似，在此不过多赘述，本方案分别从结构强度、位移、稳定性等三个方面对箱形带肋预应力渡槽的三种方案进行比较优选后，最终确定方案三（壁厚 0.45m）为最优设计方案。在静力条件下，箱形带肋预应力渡槽槽身壁厚为 0.45m（方案三）时最优，U 形渡槽槽身壁厚为 0.30m（方案二）时最优，均满足结构的强度和稳定要求；在两种最优方案的比较中，箱形虽然自重比较大，但是以刚度大、施工方便、使用年限长等优势，最终被确定为规划设计阶段的最优断面。

第10章　总结与展望

10.1 总结

水利水电行业数字化设计技术的不断发展，为解决引水工程专业协同紧密、人员管理复杂、数据信息庞大条件下的工程合理化设计提供了技术手段和解决方案，并在测绘、勘察、选线、参数化设计、协同设计、BIM/CAE 集成设计等应用场景得到了实践检验，获得了一定的效益和回报。引水工程是系统化、全面化、精细化、持久化的复杂工程，其数字化、智能化水平的提升，仍需要经历长期的发展。为此，昆明院总结了水利水电行业数字化设计经验，结合滇中引水工程项目实践，梳理了引水工程数字化设计技术与应用的基础理论、常用技术和一般方法，希望以此推动引水工程数字化的发展和进步。

本书从不同方面介绍了引水工程数字化设计技术的平台建设和相关应用，阐述了以数字化技术为主要推动力的新设计模式和应用实践。全书首先从数字化设计平台建设理论出发，介绍数字化设计体系结构、设计方法和数字化工程中心与平台的建设；然后分别介绍数字化测绘技术、数字化勘察设计技术、智能选线技术、三维参数化设计技术、正向协同设计技术、BIM/CAE 集成设计技术的相关理论，并阐述其基本原理和应用方法；最后通过长距离引水工程——滇中引水工程的数字化设计应用实例，展现了引水工程数字化设计技术和设计平台的应用效益，以及对引水工程数字赋能和设计能力的提升效果。

综上所述，充分利用新一代引水工程数字化设计技术，与数字化设计平台相结合，可为测绘勘察设计人员提供高新技术工具，不仅使得设计阶段各专业相互协调，减少深度交叉作业，有效地提高设计效率、减少周期；而且优化设计成果，减少了不必要的设计变更，提高了设计效益。引水工程数字化设计的应用，在提升我国引水工程设计技术水平的同时，也为后续水利水电工程设计提供了重要的技术支撑和借鉴。

10.2 展望

尽管目前引水工程数字化技术得到了广泛的应用，但相关技术仍需要与工程建设实践完成更深层次的融合。受限于现有的设计思路和数字化设计系统，在引水工程设计过程中，由于一些随机性环境变量在实际施工开始之前可能不会被认识到，进而导致在施工阶段需要不断地进行设计变更，不仅会影响生产率，而且还会影响项目的成本和完工日期，因此实现引水工程的设计从数字化向智能化发展是必然趋势。经过总结，将信息技术与引水工程设计深度融合，应该面向数据、模型两个方面重点开展。

（1）提高设计数据管理分析水平。数据是引水工程智能化的基石，系统地、全面地、完整地、有效地获取数据，并通过整理、挖掘、分析、转化后形成可用数据，是实现引水工程智能化的前提。

数据的系统、全面、完整获取是前提，数据获取和记录的过程是数据挖掘过程的基础。水利数据内容广泛，涉及的对象有自然的江河湖，也有人工建造的水利工程；涉及时间跨度长，既包含过去长时间的记录，也包含未来的预测信息；涉及的数据类型复杂，包含各种专业记录产生的数据。面对海量的数据构建统一标准、统一环境、统一编码的数据资源池至关重要，一方面规范数据标准、提供数据存储；另一方面为后期应用基础数据、BIM 数据、空间数据、监测数据、业务共享数据、多媒体数据提供基础的支持。

（2）构建基于数字孪生的工程模型库。模型是引水工程智能化的核心，无论是物理实际的深入刻画和拓扑关系的耦合分析，还是仿真模型的智能计算和决策方案都离不开模型。模型是知识和数据的载体，也是知识和数据的成果。

引水工程智能化要基于数字孪生的理念，同步设计、同步建设、同步实施，通过主动全面感知、自动可靠传递、灵敏智能处理和快速精准反应，实现虚拟空间的虚拟模型与物理空间中的实体模型间信息数据的精确关联。同时基于大量的数据和知识，赋予工程思考的能力，使其可以像人一样进行自主感知、传送和处理信息，能做出相应的判断和决策，并反馈给相应的受体采取相应的措施。

参 考 文 献

［1］ 王涛．我国水利信息化发展研究综述［J］．水利技术监督，2017，25（5）：31-33．

［2］ 杨顺群，郭莉莉，刘增强．水利水电工程数字化建设发展综述［J］．水力发电学报，2018，37（8）：75-84．

［3］ 桑培东，肖立周，李春燕．BIM 在设计—施工一体化中的应用［J］．施工技术，2012（16）：25-26，106．

［4］ 黄锰钢，王鹏翊．BIM 在施工总承包项目管理中的应用价值探索［J］．土木建筑工程信息技术，2013（5）：88-91．

［5］ 王珩玮，胡振中，林佳瑞，等．面向 Web 的 BIM 三维浏览与信息管理［J］．土木建筑工程信息技术，2013（3）：1-7．

［6］ 雷斌．EPC 模式下总承包商精细化管理体系构建研究［D］．重庆：重庆交通大学，2013．

［7］ 王华兴，张社荣，潘飞．IFC4 流程实体在 4D 施工信息模型创建中的应用［J］．工程管理学报，2017，31（2）：90-94．

［8］ 钟登华，崔博，蔡绍宽．面向 EPC 总承包商的水电工程建设项目信息集成管理［J］．水力发电学报，2010，29（1）：114-119．

［9］ 赵继伟，魏群，张国新．水利工程信息模型的构建及其应用［J］．水利水电技术，2016，47（4）：29-33．

［10］ 张社荣，顾岩，张宗亮．水利水电行业中应用三维设计的探讨［J］．水力发电学报，2008，27（3）：65-69．

［11］ 张社荣，潘飞，吴越，等．水电工程 BIM-EPC 协作管理平台研究及应用［J］．水力发电学报，2018，37（4）：1-11．

［12］ 潘飞，张社荣．基于 3D WebGIS 的土木水利工程 BIM 集成和管理研究［J］．计算机应用与软件，2018，35（4）：69-74．

［13］ 张社荣，潘飞，史跃洋，等．基于 BIM-P3E/C 的水电工程进度成本协同研究［J］．水力发电学报，2018，37（10）：103-112．

［14］ 张志伟，何田丰，冯奕，等．基于 IFC 标准的水电工程信息模型研究［J］．水力发电学报，2017，36（2）：83-91．

［15］ 李德超，张瑞芝．BIM 技术在数字城市三维建模中的应用研究［J］．土木建筑工程信息技术，2012，4（1）：47-51．

［16］ 蒋乐龙，张社荣，潘飞．基于 BIM+GIS 的长距离引水工程建设管理系统设计与实现［J］．工程管理学报，2018，32（2）：51-55．

［17］ 杜成波．水利水电工程信息模型研究及应用［D］．天津：天津大学，2014．

［18］ 张勇，刘涵．BIM 技术在工程全生命周期咨询服务的应用［J］．云南水力发电，2018，34（5）：107-110．

［19］ 薛梅，李锋．面向建设工程全生命周期应用的 CAD/GIS/BIM 在线集成框架［J］．地理与地理信息科学，2015，31（6）：30-34．

［20］ 蔡绍宽，钟登华，刘东海．水利水电工程 EPC 总承包项目管理理论与实践［M］．北京：中国水利水电出版社，2011．

［21］ 刘金岩，刘云锋，李浩．基于 BIM 和 GIS 的数据集成在水利工程中的应用框架［J］．工程管理学

报，2016，30（4）：95－99.

［22］ 张小宁. 三维地质重构相关算法研究及应用［D］. 西安：西安电子科技大学，2005.

［23］ 曾金华. 基于3S技术的滑坡时间预报系统研究［D］. 西安：长安大学，2004.

［24］ 矫震，张彦秋. 3S技术集成及其在公路测设中的应用［J］. 黑龙江交通科技，2009，32（3）：47－48，50.

［25］ 邱世超. 面向长距离引水工程全生命周期信息管理的GIS与BIM结合技术研究与应用［D］. 天津：天津大学，2016.

［26］ 秦海明，王成，习晓环，等. 机载激光雷达测深技术与应用研究进展［J］. 遥感技术与应用，2016，31（4）：617－624.

［27］ 向润梓. 无人机激光雷达数据预处理技术研究［D］. 哈尔滨：哈尔滨工业大学，2020.

［28］ 陈雪荣. 三维激光扫描点云数据分类去噪及空洞修复算法研究［D］. 西安：长安大学，2017.

［29］ 王欢，张翰超，张艳，等. 针对山区点云的渐进加密三角网滤波改进算法［J］. 地理空间信息，2020，18（12）：27－30，6.

［30］ HOULDING S W. 3D geo science Modeling：Computer Techniques for Geological Characterization ［M］. Berlin：Springer－Verlag，1994.

［31］ DAVIDOVIC，MARINA，KUZMIC，et al. Modern Geodetic Technologies As a Basis of the Design and Planning ［J］. 2018，10.1007/978－3－319－71321－2（Chapter 56）：645－660.

［32］ CH/T 9016—2012 三维地理信息模型生产规范［S］.

［33］ GB 50021—2001（2009）岩土工程勘察规范［S］.

［34］ 张菊明. 三维地质模型的设计和显示［M］. 北京：地质出版社，1996.

［35］ 曹代勇，朱小第，李青元. OpenGL在三维地质模型可视化中的应用［J］. 中国煤田地质，2000，12（4）：20－23.

［36］ 孙国庆，施木俊，雷永红，等. 三维工程地质模型与可视化研究［J］. 工程勘察，2001（5）：8－10.

［37］ 柴贺军，黄地龙，黄润秋，等. 岩体结构三维可视化及其工程应用研究［J］. 岩土工程学报，2001，23（2）：217－220.

［38］ 钟登华，李明超，王刚. 大型水电工程地质信息二维可视化分析理论与应用［J］. 天津大学学报，2004，37（12）：1046－1052.

［39］ 钟登华，李明超. 水利水电工程地质三维建模与分析理论与实践［M］. 北京：中国水利水电出版社，2006.

［40］ 屈红刚，潘懋，王勇，等. 基于含拓扑剖面的三维地质建模［J］. 北京大学学报（自然科学版），2006，42（6）：717－723.

［41］ 李明超. 大型水利水电工程地质信息三维建模与分析研究［D］. 天津：天津大学，2006.

［42］ 刘杰. 水工岩体结构三维精细建模与曲面块体分析理论与应用研究［D］. 天津：天津大学，2009.

［43］ 刘振平. 工程地质三维建模与计算的可视化方法研究［D］. 武汉：中国科学院武汉岩土力学研究所，2010.

［44］ 张洋洋，周万蓬，吴志春，等. 三维地质建模技术发展现状及建模实例［J］. 东华理工大学学报（社会科学版），2013，32（3）：403－409.

［45］ 易思蓉，聂良涛. 基于虚拟地理环境的铁路数字化选线设计系统［J］. 西南交通大学学报，2016，51（2）：373－380.

［46］ 刘琳. 复杂地质三维建模参数化的研究［D］. 武汉：中国地质大学，2017.

［47］ 杨力龙. 基于轻小型无人机的航空摄影测量技术在高陡边坡几何信息勘察中的应用研究［D］. 成都：西南交通大学，2017.

［48］ 石国琦. 道路选定线勘测数字化技术应用研究［D］. 长春：吉林大学，2017.

[49] 张志涛．基于点云数据的道路勘察设计技术研究［D］．天津：河北工业大学，2018．

[50] 王小锋．三维地质建模技术在水利水电工程中的应用［J］．水科学与工程技术，2018（2）：62．

[51] 赵意，吴坤占，甘龙，等．三维地质建模在水利工程勘察中的应用［J］．资源信息与工程，2019，34（2）：61－62．

[52] 林继镛．水工建筑物［M］．5 版．北京：中国水利水电出版社，2009．

[53] 张晓东．GIS 环境下铁路选线设计应用分析模型研究［J］．铁道勘察，2005（4）：9－12．

[54] 叶亚丽．公路智能选线与决策支持系统研究及开发［D］．西安：长安大学，2010．

[55] 陆小艺．输电线路选线三维 GIS 技术及工程应用［J］．广西电力，2012，35（2）：40－42．

[56] 严亚敏，李伟哲，陈科，等．GIS 与 BIM 集成研究综述［J］．水利规划与设计，2021（10）：29－32．

[57] 盖海英．浅谈基于 BIM＋GIS 的长距离引水工程建设管理系统智能设计［J］．中国设备工程，2021（15）：29－30．

[58] 杨顺群，郭莉莉，刘增强．水利水电工程数字化建设发展综述［J］．水力发电学报，2018，37（8）：75－84．

[59] 朱国金，胡灵芝，潘飞，等．长距离引调水工程智能辅助设计平台关键技术［J］．水利与建筑工程学报，2016，14（6）：190－194．

[60] 孟祥旭．参数化设计模型的研究与实现［D］．北京：中国科学院计算技术研究所，1998．

[61] 戴春来．参数化设计理论的研究［D］．南京：南京航空航天大学，2002．

[62] 杨青，陈东祥，胡冬梅．基于 Pro/Engineer 的三维零件模型的参数化设计［J］．机械设计，2006，23（9）：53－57．

[63] 张冶，陈志英．基于装配约束关系的零部件参数化设计［J］．机械科学与技术，2003，23（5）：710－712．

[64] 李福海，刘毅．二次开发 UG 实现飞机操纵系统零件参数化设计与虚拟装配自动化［J］．机械科学与技术，2003，22（S2）：242－244．

[65] 曾旭东，谭洁．基于参数化智能技术的建筑信息模型［J］．重庆大学学报（自然科学版），2006，29（6）：107－110．

[66] 尹志伟．非线性建筑的参数化设计及其建造研究［D］．北京：清华大学，2009．

[67] 王帅．基于 Inventor 的皮带运输机参数化建模系统的研究与开发［D］．重庆：重庆大学，2008．

[68] 苏梦香，郑超欣，王桂梅，等．基于 Autodesk Inventor 的三维参数化设计方法［J］．机械设计与制造，2007（6）：168－169．

[69] HOLLAND W V，BRONSVOORT W F. Assembly Features in Modeling and Planning［J］．Robotics and Computer－Integrated Manufacturing，2000，16（4）：277－294．

[70] MASCLE C. Feature－Base Assembly Model for Integration in Computer－Aided Assembly［J］．Robotics and Computer－Integrated Manufacturing，2002，18（5－6）：373－378．

[71] HERNANDEZ C R. Thinking Parametric Design：Introducing Parametric Gaudi［J］．Design Studies，2006，27（3）：309－324．

[72] YU Y Y，CHEN M，LIN Y，et al. A New Method for Platform Design Based on Parametric Technology［J］．Ocean Engineering，2010，37（5－6）：473－482．

[73] LIU Q S，XI J T. Case－Based Parametric Design System for Test Turntable［J］．Expert Syst. Appl.，2011，38（6）：6508－6516．

[74] 于琦，张社荣，王超，等．基于 WebGL 的水电工程 BIM 正向协同设计应用研究［J］．水电能源科学，2021，39（8）：174－177．

[75] 于琦，张社荣，王超，等．基于 WebGL 与 Dynamo 的混凝土重力坝参数化设计应用［J］．水电能源科学，2021，39（7）：94－98．

［76］　王华兴．基于 IFC 标准的水电站机电设备维修管理平台开发研究［D］．天津：天津大学，2017.

［77］　王华兴，张社荣，潘飞．IFC4 流程实体在 4D 施工信息模型创建中的应用［J］．工程管理学报，2017，31（2）：90－94.

［78］　林欣达，林穗．融合云计算和超级计算的 CAE 软件集成系统的设计［J］．广东工业大学学报，2014（3）：72－76.

［79］　林志华，徐云泉，陆震，等．基于 BIM＋CAE 技术在某水电站发电厂房中的应用［J］．云南水力发电，2021，37（3）：191－195.

［80］　撒文奇．基于三维设计方法的重力坝 CAD/CAE 集成设计平台研究与开发［D］．天津：天津大学，2010.

［81］　孙小舟．CAE 软件与 CAD 集成协作在水利工程有限元分析中的应用［J］．治淮，2017（9）：22－23.

［82］　BOUSSUGE F，TIERNEY C M，VILMART H，et al. Capturing Simulation Intent in an Ontology：CAD and CAE Integration Application［J］．Journal of Engineering Design，2019，30（10－12）：688－725.

［83］　KHAN M T H，REZWANA S. A Review of CAD to CAE Integration with a Hierarchical Data Format（HDF）－based Solution［J］．Journal of King Saud University－Engineering Sciences，2021，33（4）：248－258.

［84］　于琦．基于参数驱动的重力坝 BIM 在线设计技术研究与应用［D］．天津：天津大学，2020.

［85］　刘珊．基于 BIM－CAE 的 RCC 重力坝施工期结构安全分析与系统开发［D］．天津：天津大学，2020.